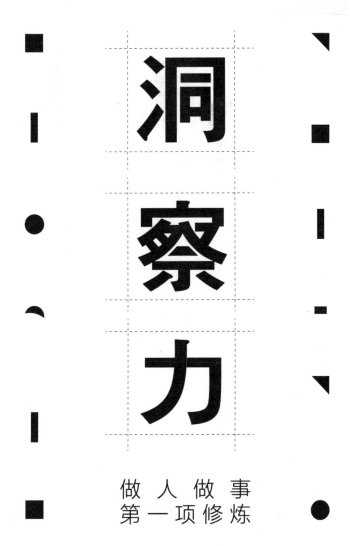

洞察力

做人做事
第一项修炼

金文◎著

延边大学出版社

图书在版编目（CIP）数据

洞察力 / 金文著 . —延吉：延边大学出版社，
2016.9
ISBN 978-7-5688-1391-4

Ⅰ.①洞… Ⅱ.①金… Ⅲ.①人际关系—通俗读物
Ⅳ.① C912.11-49

中国版本图书馆 CIP 数据核字（2016）第 238383 号

洞察力

著　　　者：金　文
责 任 编 辑：于衍来
封 面 设 计：华夏视觉
出 版 发 行：延边大学出版社
社　　　址：吉林省延吉市公园路 977 号　　邮编：133002
网　　　址：http：//www.ydcbs.com
E－m a i l：ydcbs@ydcbs.com
电　　　话：0433-2732435　　传真：0433-2732434
发行部电话：0433-2732442　　传真：0433-2733056
印　　　刷：北京嘉业印刷厂
开　　　本：170×240 毫米　1/16
印　　　张：16　字数：235 千字
印　　　数：1-2000 册
版　　　次：2016 年 9 月第 1 版
印　　　次：2016 年 9 月第 1 次
ISBN 978-7-5688-1391-4

定　　　价：36.80 元

目录

第1章

社交场合暴露的秘密

第2章

透过面部表情读人心

第 3 章

第 4 章

第 5 章

第 6 章

第 7 章

社交场合暴露的秘密

社交场合识人讲究的是"快"和"准"，容不得你细细品味、慢慢思考，正所谓快人一步，胜人一筹。要迅速破译对方心理密码，贵在见微知著。

隐藏在社交言谈中的天性

开场白太长的人缺乏自信

为促进相互之间的人际关系，大部分人交谈前都会准备一段开场白。的确，和对方见面时，如果不先说点儿引言，就直接切入重点，可能会令人对你的意图产生误解，从而产生戒心不容易沟通。所以在商业交谈中，开场白是不可少的。

一个人开场白过长，听者不容易抓到说话的重点，不过是浪费时间，徒增焦急。但不知为什么还是有人喜欢把开场白说得很长。

首先，可能是说话者对听者的一种体贴。假如对方是个敏感仔细易受伤的人，直接谈到问题重点，可能会给对方造成冲击，所以说话的人刻意拖长开场白，以观察对方的反应。

另一种人则考虑若开场白太过简短，可能导致对方误会或不悦，因而留下不好的印象。基于这种不安，所以延长开场白。

由此可知，说话者无非是为了更详细地表达自己的意思，所以才有很长的开场白。

开场白太长也会令人不耐烦，但有些人却矫枉过正，在面对领导、前辈时，害怕自己过长的开场白会使对方产生反感、遭到斥责，所以将开场白浓缩到很短，这就太反常了。

此外，有人应邀演讲时，也难免会把开场白拖得很长，这是因为缺乏自信所做的一种掩饰。

为什么有人要利用开场白为自己辩解？

通常说来是为了隐藏自己的不安，于是有些人就会借助很长的开场白来为自己辩解，所以这种人应是小心翼翼的人。

喜欢请客的人自我满足欲望强

每个人都希望自己拥有请客的经济实力，因为只要自己有钱请客，就可以不必担心自己不如人。不过，自己不可能永远都做东，总有被人请的时候，有时让别人请客的原因，并不是因为自己忘了带钱或没钱，可能因为顾虑对方的地位，或不忍辜负对方的一番好意，所以只好让对方请客，让对方达到目的而得到满足。

所谓满足，可能是一种优越感，可能是为了表示谢意，可能是有事相求，也可能纯粹是为了增进相互之间的感情。对方借着种种理由请客，使自己获得满足感。甚至有时根本没有请客的理由，明明可以大家分摊，但有人就是喜欢付钱时拼命制止别人，自掏腰包。这时如果你坚持拒绝，对方还会露出不高兴的神情，并责备说："你真是太见外了，我们都是自己人啊！"从对方的表情看来，他们真的不是装模作样，而是沉浸于请客所带给他的满足感中。

反观被请的一方。别人请客，自己不必付钱，固然也有好处，但是让对方出钱，很容易形成自卑感，反而不能痛快地享受。

还有另一种被请人的心理，认为别人请客让自己快活是理所当然的。这种人大多是不愿自掏腰包的小气鬼，不过除此之外，他们还有另一种用意。人最早接触的人际关系，是从与母亲间的关系开始的，每个人都有向母亲撒娇的经验和权力，而这种依赖、撒娇的态度一旦固定成型，长大成人后在现实生活中也容易出现，有时就体现在让他人请客的满足感中。

至于喜欢请客的人，虽然他们的立场是把东西送给对方，但其心态和接受自己好意的对方是一样的，这与过度保护孩子的母亲的心理非常类似。

同样，喜欢请客的人，表面看来虽然古道热肠，但其实只是以这种形式来满足自己。所以喜欢请客的人和喜欢被人请客的人凑在一起，彼此就各得其所，分别得到满足。

因此，当大家看到那些即使没有多少钱，却总想办法请客的人，应了解他们的心态。只要他们不是另有所求，大可接受他们的好意。

主动当介绍人的人喜欢自我表现

"听说你明天要到外地出差，那儿正好有很多我的好朋友，你只要向他们报上我的名字，保证你办事会很顺利。"有的人就是如此，别人还未请他帮忙，就主动为人介绍朋友。

如果这位出差的人士靠这位朋友的介绍，得到当地朋友的特别照顾，同时借着这些人的面子和信用，工作确实开展得很顺利，甚至他们还体念你刚到陌生的地方，晚上带你四处玩耍，那么这种人的好意实在不错。但多半情形是，尽管你按地址找到了某人，情况却与预期的大不相同。

其中原因可能是因为被推荐人并不像介绍人所说的值得信赖，而且两人也没什么特别亲密的关系，所以才会得到冷漠的待遇。

如果出差的地点是在国外的话，这个介绍人想发挥自己影响力的欲望也就更强烈，所以我们可听到他说："喂！你这次是不是要到伦敦？你可以拿我的介绍信去拜访这个人，或者你到了纽约去找这个人……"如此此类的介绍。

如果当事人信以为真，拿着那封信拜访被推荐人，结果可能又和前述境遇相同，不但自己的希望破灭，对方也许根本不知道介绍人为何许人。

这种人，为什么如此热衷于帮别人介绍朋友呢？

原因之一就是，这些介绍人可以通过为人介绍朋友这一行为，满足自己爱管闲事的冲动。

当然，他们一方面是出于好意，理解朋友人地生疏；另一方面，也是向朋友表示他有不少知心好友，很有办法。

但这些人的想法未免太单纯，因为他们既然要替人介绍，至少应该知道必须对当事人双方负责任。这些介绍人表面上看来似乎很乐意帮助他人，本着"助人为快乐之本"之心，事实上他们无法发觉自己并未尽到介绍人的责任，只是以此使自己得到满足而已。

总之，喜欢替人介绍的人，往往是渴望表现自己的能力，并未真正替被推荐人或第三者考虑，所以各位不要把他们的行为和真正喜欢帮助别人混为一谈。

强求别人应邀的人自私虚荣

在社交场合，有很多人喜欢用强迫方式邀请别人，别人明明不愿意，他们仍然再三坚持要求别人应邀，总之就是忽略了拒绝者的想法和立场。

这种人面临对方拒绝时，会一再重申自己的意见，以为如此对方就不会再拒绝。观察这些不顾对方推却仍勉强邀请的人，可推测其大约有四种想法。

第一种是把对方的拒绝看成客套。这时，邀请人就会继续对对方说："你不必这么客气嘛！"对方如果再次拒绝，他仍要求："我看你真是太客气了，现在都已经下班了，你就轻松一点儿，不必这么认真嘛！"一再发挥他推己及人之心。

第二种是主观地以为对方如果拒绝，就等于断绝了他们的关系。所以当对方推辞时会觉得很失望，认为对方太不给面子。这种人遭对方拒绝时，则会表示："我诚心地邀请你，你却一再拒绝，真是太不够意思了！"

这种人试图勉强对方，当对方推托说："你实在有所不知，因为我已经和太太约好了，所以真的没空来！"邀请人仍不放弃，还故意刺激他："我看你是怕太太吧！"以话中有话的方式激将，邀请者甚至会联想：就是他太太在破坏我们两人之间的友情。

第三种和第二种类似，邀请人一个人玩乐时，会觉得寂寞而缺乏勇气，所以邀请的对象都是固定的。由于邀请人和被邀请人有共同玩乐的经验，且认为两人搭档得天衣无缝，所以就想强迫对方同乐借以壮胆。换句话说，其实邀请人根本是依赖对方，因无法独自取乐而勉强对方。

第四种是邀请人希望对方满足其虚荣心，听他炫耀，或让他宣泄心中不满和恼怒的情绪。

只要仔细分析这些邀请人的动机，就可以了解对方为什么会出现这种强迫行为。这类人希望自己依赖的对象能满足自己的倾诉欲望，所以完全忽略别人的权利和心理动机，勉强别人来满足自己的欲望。

喜欢揭人隐私者的心理动机

有个 30 岁的职员欧阳先生，在办公室里兴高采烈地告诉大家："昨天我去相亲了！我对对方颇有好感，我想她对我的印象应该也不差，所以我打算在秋天举行婚礼，到时候一定请你们来参加我的婚礼！"

过了两三个星期后，同事们对此事的进展都很关心，于是问欧阳先生情况如何，但他露出沮丧的神情回答："那个女孩似乎不太中意我，昨天正式拒绝和我继续交往，我非常郁闷。"

还有一次，欧阳先生又对工作单位的同事们说："我姐姐两三天前和丈夫离婚，小孩子也带回家里来，真是太落魄了。"欧阳先生就是如此，将自己的心态、身边发生的事情，一五一十毫不隐瞒地告诉自己的同事，而且他自己也喜欢打探其他人的隐私。同事们越来越无法忍受他，虽然他已经辞职，但仍未接受自己真正离去的事实。

此外，有人换了工作环境后，可能更发达显耀，为了表示优越感，他们常会借口回单位探望，以满足其虚荣感。

喝醉酒猛打电话的人渴望关怀

一个喝醉酒的人，常会在不适合打电话的时间打电话，这是什么原因呢？

醉酒的人，常自以为想起了一件重要的事情，打电话给别人，但是接电话的人，常常会被他所谓的理由弄得哭笑不得，尤其是半夜三更接到电话，更是让人气得咬牙切齿。

喝醉酒的人，心态上已脱离现实，和接话人的想法有很大的差别，两人当然话不投机。如果有人认为，对方既然已经喝醉了，只要随便说些应付他的话敷衍过去就算了（这通常是一般人的处理方式），但是如果你对好友或酒后胡言乱语的人采取宽大容忍的态度，照顾他或宽慰他，那么你实在是太傻了。

一般人多半是生活在多样化的组织或群体中，所以无法完全脱离现实，一切行为仍处于受限的状态。但喝醉酒的人，和组织或群体的价值观或生活方式完全脱离，对付这种人，最好的方法就是避而远之。

借酒麻醉自己的人，为使自己身心获得解脱，摆脱群体的约束，所以会出现深夜打电话来博取他人注意的行为。在这种情形下，他们只是为了解除平常内心的不满，或者借机发泄平常和领导、同事间的不愉快。而他们的无礼举动，多半都是以较亲密的友人为对象。

由于日积月累的心理紧张，当他们脱离群体时，就会想方设法地释放。而这种感觉平常是被压抑的，所以借着酒醉就可挣脱束缚。但为了消除孤独感和依赖心，需要他人给予关怀和注意，于是只好打电话给他的朋友，这就是其行为的心理依据。

喝醉酒打电话是一种"非常识的行为"，因为他们已经不具备人与人交往应有的常识。例如，深夜一两点时，毫不顾虑别人的休息时间打电话给他人，而对方听到的只是醉汉的喊叫声，或夹杂着喧闹的音乐声。"我现在正在喝酒，你给我马上过来，我会一直等到你来陪我为止。"

当你接到这种电话时，即使置之不理将之挂断，对方还是会再打来，并且说："你真是太不够意思了，对朋友一点都不关心！"等，说一些令人讨厌的话语。如果再加上电话中夹杂着吵闹、酒醉的杂乱声，更会让人情绪恶劣。

仔细分析这些人的举动，就会知道在喝醉酒时打电话的人，完全是因为孤独，需要他人的关怀。我们常常可以在夜晚的街道上，看到一些醉汉漫无目的地晃荡，有时也可以看到他们无缘无故地骚扰行人，这些行为无非是想诉说自己的孤独而已。

总之，这些人是希望能和更多的人交往、沟通，借以排除心中的不满。

借助餐桌礼仪看透人心

从吃相上识人

吃饭是我们生命中不可缺少的一项活动，人只有吃饭才能维持生命的存在。但有的人吃饭是为了活着，还有的人活着只是为吃饭，这是两种截然不同的生活态度。吃饭是一个人从出生到死亡一直持续做的一件事情，所以会在不自觉中养成一定的习惯，而从这些习惯中又能表现出一个人的性格。

★喜欢站着吃饭的人

这种人并不是特别讲究吃，他们会尽力讲求方便、简单，即省时又省力，只要能填饱肚子就可以了。在生活中，他们并没有太大的理想和追求，很容易满足。他们的性格很温和，懂得关心别人，为人也很慷慨和大方。

★边做边吃的人

其生活节奏是很快的，因为有许多事情要做，他们表现得比较繁忙。但他们并不将此当作自己的烦恼，甚至还觉得很高兴。

★边看书边吃饭的人

这类人明显属于是为了活着才吃饭的人，他们吃饭只是为了满足身体的需要，如果不吃饭仍旧可以活着，相信他们会放弃这一件即耽误时间又浪费精力的事情。边看书边吃饭的人，他们的时间表总是安排得满满的，为了能够做更多的事情，不得不千方百计地挤时间。这类人野心勃勃，并且也有具体的计划可以使自己的梦想变成现实。他们拥有积极向上的乐观精神，会把想法付诸行动。

★边走边吃东西的人

虽然给人的感觉是来也匆匆去也匆匆，像是时间很紧张的样子，但实际不一定如此，紧张很有可能是由于他们自己缺少组织性和纪律性造成的。这样的人大多比较容易冲动，也会经常意气用事，结果总把事情搞到不可收拾的地步。

★经常有饭局的人

这类人多属于外向型，而且人际关系处理得比较好。这样的人如果不是有某一方面较突出的才能，具有一定的权利和地位，就是为人比较和蔼、亲切，并深谙人情世故，比较圆滑。

★喜欢一边看电视一边吃饭的人

这类人多是比较孤独的，电视或许是他们消除内心孤独的最好方式之一。

★吃饭速度比较快的人

他们做任何事情都重视效率，而且追求速度，总是希望在最短的时间内将事情做完做好。结果与过程对他们而言，前者相对更重要一些。

★吃饭喜欢细嚼慢咽的人

这类人与吃饭速度很快的人恰恰相反，他们是属于慢性子的人，凡事都能以缓慢而又悠闲的方式来做，这从一个侧面也说明他们是懂得享受的人。

★喜欢在餐厅里吃饭的人

他们多是比较懒惰但懂得享受的人，毕竟在餐厅里有人侍候，不用自己动手。不过，有一个前提是在经济条件允许的情况下，如果经济条件不允许还这样做，就显得不是那么恰当了。这样的人不善于照顾自己，但他们希望别人能够体会到自己的这种心情，然后来关心和照顾自己。他们不太轻易付出，往往会在别人付出以后才行动。

★喜欢在家里吃饭的人

经常在家里吃饭的人，在一定程度上说明他们对家庭是相当重视的，具有一定的责任心。他们不喜欢被人照顾和侍候，这样有时反倒会让他们感觉不自在，他们更倾向于自己动手。

★吃饭定时定量的人

吃饭定时定量，表明这是一个生活十分有规律的人，如果没有特别意外的事情发生，这些规律是不会轻易改变的。他们的生活虽然很有规律，但并不意味着为人处世呆板迟钝，相反可能很灵活。只是无论在什么时候，都具有一定的原则性。

★没有吃早餐习惯的人

一般可以分为两种情况来讲：一种是生活时间表安排得太满了，忙得没有时间吃早餐，这样的人多是具有很强的事业心和责任心，能够为了更有意义的事情放弃一些在他们看来并不是十分重要的事情；还有一种就是吃早餐的时间已经到了，可他们还没有从床上爬起来——这又分两种情况，一种是前一夜工作得太晚太累了，另一种是整天无所事事，只想在床上虚度时光。

★只习惯于吃晚饭的人

这类人多是能够严格要求自己，会给自己制定一个目标，鼓励自己朝着那一方面努力，并告诉自己达到什么样的程度可以得到什么样的奖励，以便更好地进行生活、工作或学习。

★整天吃东西的人

他们多是无所事事、闲着无聊的人。其实，他们并不饿，只是靠不断地吃东西来使自己不那么无聊、寂寞，消除内心的焦虑和烦躁。

从座位选择上识人

带着别人一起进入餐厅后，环顾四周找到空位，然后说："坐那里吧！"再带领大家就座，这类人不仅有很强的判断力，也颇具自信，是会直接表达内心想法的人，但也容易流于独断独行惹人厌。

带领大家就座，却发现位子不够或是有别人先到，于是在店里四处徘徊重新寻找，有这种习惯的人判断力欠佳，且会做出错误的判断。经常会出现小失败，不过反而凸显出个人的魅力，乐于配合别人，老实的性格很受欢迎。

总是跟在大家后面的人，是需要他人照顾、依赖心强的人，凡事不会自己积极主动，都是配合周遭人们的举止行动。在选座位的问题上是那种"不会在意细枝末节"、性格大方的人。

马上去问店员"哪里还有空位"的人，虽然做事会以合理化的方式向前迈进，不过会有以眼前的结果（所有人都就位）为优先，而疏忽喜好与气氛等心理、感觉因素的倾向，也有不考虑他人的意见与想法的一面。

从喝咖啡的方式识人

咖啡是世界著名的饮料，犹如中国的茶叶一样有着悠久长远的历史。传入我国虽然没有太长的时间，但随着人们生活水平的提高，这种较为高档的饮料已经走进了千家万户。由于地域、生产加工技术及配料的不同，咖啡的味道和口感呈现出不同的变化，于是人们在挑选适合自己口味的咖啡时，便不经意地将自己的性格暴露出来了。

★喜欢速溶咖啡的人

这种人属于节约时间的类型，轻易不会浪费一点时间。在工作过程中，他们喜欢一蹴而就，希望集中时间工作，尽快看到成果。但欲速不达，他们取得的效果往往不佳，而且还把人弄得筋疲力尽。由于没有足够的耐性，他们无法从事一些需要精益求精的工作，更不会设计出一个长远的计划，长年累月地向一个目标前进，所以成就不了大事业。

★喜欢亲自磨咖啡豆的人

个性鲜明，追求独立自主，不喜欢受别人的摆布。自信心十足，从来没有不敢尝试的事情，更愿意向权威人士挑战。这是一种莽撞行为，经常会让自己至亲的人捏一把汗，但他们却用大胆征服了旁观者，在别人心目中留下了深刻的印象。他们吃苦耐劳，喜欢追求至善至美，而且办事有条不紊。

★喜欢过滤咖啡的人

他们最不懂得珍惜时间，经常把浪费时间当成对别人的一种炫耀，而且会美其名曰高雅、超凡脱俗、提高生活品位。他们是完美主义者，对自己想拥有或已拥有的特别关注，而且舍得投入，并要求实现最好、最完美。他们期待付出会有响应和回报，但大多数情况下他们得自己安慰自己。

★用酒精炉加热咖啡的人

具有浪漫情怀，渴望重温往日的情调，总会营造出一种怀旧的气氛，特别喜欢自然与纯朴。他们比较保守，为人处世按照传统的理念和规则行事，虽然有非常美好的理想，但因畏首畏尾而难以付诸实践，更别提实现的可能。

★用电热器煮咖啡的人

有忧患意识，未雨绸缪，在事情还没有发生之前往往已经做好了相应的准备，所以很少出现手忙脚乱的情况。无论是工作学习还是人际交往，他们处处谨小慎微，在和自己有利害冲突或对别人不利的时候不轻易越过雷池一步。他们热情大方，特别是对自己的亲朋好友，经常能主动伸出援助之手，帮助他们克服困难、渡过难关。

从点菜喜好识人

★喜欢吃蒸制食品的人

他们性格比较内向，不轻易激动，心里常常犹豫、动摇，但很少表现出来。

★喜欢吃冷食的人

比较坚强，且不愿表现自己，不太好靠近，对大自然有浓厚的兴趣。

★喜欢吃清淡食品的人

他们不善于接近别人，愿独来独往，性格沉稳。

★喜欢吃甜食的人

这种人热情开朗，平易近人，但有些软弱、胆小。

★喜欢吃辣食的人

这类人善于思考，遇事有主见，吃软不吃硬，爱挑别人的毛病。

★喜欢吃煮炖食品的人

此类人性情和顺，很好相处，爱幻想，但对于幻想的事物是否能实现，一点儿也不计较。

★喜欢吃烤制食品的人

他们上进心较强，比较专心致志，性情急躁，爱出主意，但缺乏当机立断的勇气。

★喜欢吃酱菜的人

这种人踏实、稳重，一般做事有计划，不太注重与人之间的感情；而不喜欢吃酱菜的人，多富于亲近人的感情，有钻研精神，能吃苦。

★喜欢吃油炸食品的人

他们富于冒险心理，爱触景生情，时有干一番事业的愿望，但经不起失败，有时好发脾气。

★喜欢吃大量肉食的人

这类人大多有支配别人的欲望，富有领袖欲，而且活动性很强，有进取精神。一般来说，特别嗜吃肉的人，也是社交比较活跃的人，与别人很合得来。

喜欢吃罐装食品的人防范意识重

在我们生活中，大家经常可以发现，当火车即将开动时，有些乘客会买一大堆罐装啤酒、果汁或盒饭进站。他们对自己的这种行为，当然有充分的理由，譬如"比在车上买便宜"或"如果在途中口渴就可以解渴"。事实上，这些人的购买行为，隐藏着很多内在复杂的心理问题，大致可将之分为三类。

第一类是曾有过缺粮恐慌经历的人。由于以前每天都担心第二天没有饭吃，所以为了解除没有粮食的恐慌感，宁可多买一些食物放在身边，以防万一。

第二类是离开家外出旅行的人。对这些人而言，"家"是一个可供居住的舒适场所，更是一个长久依恋直至老死的地方。

家庭对任何人而言，都是一个安全舒适的港湾。在心理上，人们依赖家庭的程度就如同小孩依赖妈妈一样。当小孩生下来后，如果缺乏妈妈的关怀，不能依赖妈妈，那么婴儿就无法生存。所以对婴儿而言，妈妈是其安全可靠的堡垒，也是可以确认爱的地方。

而在火车站购买大量方便食品的人，原本已过惯了家中自由自在的生活，一旦离开了家，就等于离开了母亲而缺乏安全感，因此会购买大量的方便食品。有人说："旅行时我的食欲特别好。"从这句话中，就可发现这种冲动所带来的影响。

第三类是参加团体旅游或全家外出旅行时，购买大量食物的行为。正如前面所说，当我们外出游玩时，等于离开了现实的严肃生活，让自己的心灵得到暂时的放松。如果我们回溯到一个人心理发展的源头，那么诚如第二点所说，愈是快乐的旅行，就愈易满足"口"的欲望。

有的人因公务出差而不太有食欲，主要是因为旅途中还有一些现实的事尚未处理，所以才会没有多余的时间放松心情。

酒后辨真言

喝过多的酒并不是件好事，饮酒过量，体内的酒精会使人亢奋，对人的大脑神经产生影响，从而使人做出和平时不一样的举动。"酒后吐真言"是一句俗语，而许多人的真实经历也为这句话提供了切实可行的证据。毋庸置疑，酒精具有麻痹大脑的作用，所以当某人喝醉后，意识会失去控制，因而对一些事情也就不会在意，这就是为何会有"酒后胡言乱语"的现象。此时如果继续豪饮，达到"烂醉如泥"的程度，意识的发挥会受到阻碍，无法感觉外界事物的刺激，大脑进入深度睡眠状态，无意识开始启动，曾经埋藏于内心最深处的影像或者语言会不由自主地表达出来，但是醉酒者是不知道的，因为他已失去了主动的意识。那么，大家能否通过一个人酒后的言语来判断这个人的品性如何呢？

大多数人在酒后说的话都跟平时工作、生活中的问题、烦恼有关。现实中，很多白领阶层为了缓解工作中的压力，愿意去酒吧发泄，当然不仅仅是通过喝酒这一渠道。大多数男人在面对问题时，也愿意用酒精麻痹自己。

以酒消愁，因为醉酒后的胡言乱语、意识模糊是最好的发泄方式，但醉酒后是否口吐真言也是因人而异的，不是每个人都会酒后吐真言，而吐的也不一定都是真言。

有的人酒后可能什么都不说，埋头就睡，这种人有正义感，原则性较强，虽然有时会比较传统保守，但对认定的事情会全力付出；有的人喋喋不休，说的都是不着边际的话，这种人看似对什么事情都不在意，但其实是个心中自有真情的人，却苦于无人了解，有些许失落和无奈；有的人可能会触景生情，大哭一场，这种人具有丰富的感情，热情奔放，以自我为中心，对一件事物常常不能专注太久；有的人会想起许多事情，但无处发泄而引吭高歌，这种人个性内向温和，别人不能轻易打开他们的心门，只有通过深入了解才能使其吐露心声，他们虽然内心深处会有疯狂的想法，却会拼命克制自己的感情……

商务活动中的识人技巧

商务谈判离不开读心技巧

生意人每天都要与各种各样的人打交道，他们的成功离不开一定的社会环境，换言之，离不开每天所要打交道的这些人。一个生活在"真空"里不和人交际的人，既算不上生意人，更谈不上成功。因此，我们完全有理由这样说：生意人的成功取决于其识人、处世水平的高低。

"知彼知己，百战不殆"，如何与人打交道，了解对方的心理活动，是生意人掌握处世技巧的第一步。掌握"读心"术，是生意人建立成功人际关系的秘诀。

★根据话题洞察说话者的内心

①有些人非常想要打听对方的信息，这是有意明白对方的缺点、期待能进一步掌握对方的反映。

②有些人对于他人的消息传闻特别感兴趣，这种人很难获得真正的友谊，所以他的内心是非常孤独的。

③有些人不断谴责领导的过错和无能，事实上是表示他自己想要出人头地的意思。

④有人借着开玩笑，常常破口大骂或者指桑骂槐，这是有意将积压在内心的欲求不满设法爆发出来的心声。

⑤喜欢在年轻人或部属面前自吹自擂的人，乃是不能胜任职务或者赶不上时代潮流。

⑥有人根本不在乎他人的谈话，喜欢扯出与主题毫不相干的话题，这种人怀有极强的支配欲与自我显示欲。

⑦有人一直谈论会场的话题，而不喜欢别人来插话，这表示他讨厌自己屈居于他人的控制之下。

★根据说话方式洞察说话者的心理

①对方说话的速度忽然变得比平常缓慢，那是表示对对方怀有不满或敌意的意思。

②说话的速度忽然变得比平时快，那就表示对方有弱点存在或者表示说话的内容不真实。

③凡平时沉默少话的人忽然变得能说会道，那就表示他内心含有一种想被人知道的秘密。有人常喜欢采用限定句的说话方式，很显然他是一个神经质的人。

④说话声调很高昂的人，说明他有任性的性格。有人说话的抑扬程度非常激烈，大部分都属于自我显示欲很旺盛的人。

⑤一面仔细倾听，一面点头称是，这是认真听话的人。一面听话，一面点头，但不把视线集中于说话者的身上，那就说明他对谈论的话题不感兴趣。

⑥表示太多不必要的点头或者胡乱答话的人，其实是对对方谈话的内容不太明白。一面听话，一面称是者，大部分是不愿对方提出反对论调的顽固主义者。

⑦希望把一种话题拉得很长，故意说个没完没了，这是害怕别人提出反驳的根据。有人喜欢在语句末尾补添暧昧或含糊的词语，这是逃避责任的心理在作祟。

⑧说话很有决断的人，对于谈论的内容满怀坚定的信心。有意立刻得出结论来的人，也是害怕别人提出反对意见的表现。

⑨有人不断将视线离开说话者或者拨动手指，说明对话题已感到厌烦。反复探询对方所说的话题，这是很有耐心，而且也是好奇心旺盛的人。

从名片偏好分析性格

名片的种类各式各样，有些像艺术家的手笔，构思新颖；还有一些特别简单，只是打上自己的名字和电话，连地址也没有，只是告诉别人有这么一个人而已；有的内容非常复杂，职衔颇多……

一个人所制作的名片不仅反映了他在别人面前所展示的形象，还能反映出他的内心想法和个性。

★使用黑白名片的人

这种人所透露出来的性格，给人一种踏实、勤勤恳恳的感觉，对新奇的东西没有感觉，做事时照本宣科。

这种人是个从接受正统教育圈子里走出来的人，很少受到世俗观念的影响。小时候，家人就觉得他是个听话的好孩子，从不违背大人的意愿。在学校里，老师也会认为他是好学生，从不调皮捣蛋，一直是品学兼优的好孩子。刚走出象牙塔迈入社会，任何一个部门都喜欢任用这样的人，因为这种人勤奋办事，而且从不过问与自己无关的事情。

这种人也希望自己所树立的形象让别人觉得他是个循规蹈矩、遵纪守法的人，而他本身也害怕惹麻烦，小心翼翼地为人处世。

在这种人所经历的人生之路中，他们会觉得所走过的路大多数是正确的，也是人们认同的。而他们曾经所想象的东西，已经被消磨得无影无踪，只是为自己每天的生活奔忙而已。

至于在人际关系方面，这种人属于慢性子，在短时间内，他们很难与一个人关系十分熟悉，也不愿跟别人发展深层次的关系。

★ 使用压膜名片的人

如果一个人在印制名片时，要求印制价格较高的压膜名片，说明他是个讲究的人，有着华丽的外表和虚荣的内心，所以这种人经常表现出自己大方的一面，特别是对这种能体现自己个性的东西，更会毫不吝啬。

无论是在聚会场所还是在家里，这种人都想突出自己的存在，经常以特别的言行举止吸引别人的注意力，一般情况下都比较含蓄得体，让他人看不出他是在故弄玄虚。这表现他具有一定的真才实学，而且在他人眼里也是个不错的人。

在实际工作中，这种人也是聪明好学、勤奋工作的人。如果他的领导不是个嫉贤妒能的人，那他肯定会有机会展示他的才华和创意；如果他的领导是个保守的人，就会觉得这种人是在过分炫耀自己。

这种人的朋友都觉得他是个有情趣、有才华的人，当然有时也会觉得他太喜欢表现自己。

★ 使用镶金边名片的人

喜欢金色东西的人在印制名片时，会选择镶金边的名片，表明其毫不掩饰自己的拜金心态，也不介意他人知道自己具有见钱眼开、唯利是图的本性。

在任何时候，这种人都懂得替自己争取利益，以极小的代价换取最大的回报。这种人是从不放过任何赚钱机会的，而且可能很小的时候就是生意人，所以有着生意人所具备的一切素质。

与人打交道时，这种人或许是比较势利的人，但其很可能做得不太过分，一般人不会轻易察觉这一点。

在这种人心目中，相信钱可以改变一切，所以信奉金钱至上的原则，拼命努力去赚钱，希望用钱包装自己，以赢得别人的尊重。不过，这种人是聪明人，随着社会经验的增长会知道钱是身外之物，如此获得的尊重是极不可靠和缺乏实质内容的。

★使用只印有姓名、电话名片的人

一纸简单的名片上，只有姓名和电话，其他一切资料都无可奉告。

拥有此种名片的人不外乎有两种：一是此人已有一定的知名度，不必借名片去做自我宣传；另一种就显得有些不可理喻，可能是故作神秘以引起人们的注意，也可能是不愿透露自己的实际情况。

无论哪一类人，他的本性都是不喜欢开放自己。总是觉得没有安全感，唯恐别人知道太多关于他的事情会来对付他，甚至伤害他。

这种人是胆子不大但心细，在与别人打交道时，他会不露声色地观察别人的谈话和各种动作，悄无声息地套取对方的资料，但是极力回避谈论自己的情况。因此，他很难与人建立深厚的友谊和感情。

由于这种人不肯轻易敞开自己的心扉，所以很难获得上司和同事的信任，也极难得到提拔；在择业的时候，他可能选择自由职业这一行，或者自己开公司当老板。

★使用印有很多头衔名片的人

喜欢使用这种名片的人是虚荣心很强的人，害怕别人小看自己，所以写出许多头衔来说服别人，以证明自己不是一般老百姓，而是举足轻重、有社会地位的人物。其实，当别人接过这类名片时，都会暗地里笑他，认为其爱面子和无聊。

当然，这种人并不是吝啬鬼，如跟别人在饭店吃饭时，他会抢着付账，让别人觉得他是个大方之人。不过，别人有时也会认为他是别有用心，利用机会充分展示自己。

透过握手观察性格

握手是见面时最常见的一种礼节。美国有位心理学家指出，一个人握手时所采用的方式能表现出他的个性，一些下意识动作能够表示他的思想。例如，如果掌心向下，表示此人心高气傲，喜欢高高在上，其支配别人的意识非常强；如果掌心向上，则表示握手者性格温顺，乐于服从，而且为人谦虚恭顺；如果两人都垂直手掌相握，即表示两者都愿以彼此平等的地位相交……

现在，让我们再来了解一下握手的类型，看看由美国心理学家列举的不同的握手方式及它们所流露的心迹。

★摧筋袭骨式

握手时，他紧抓你的手掌，大力挤握，令你痛楚难忍。这类人精力充沛，自信心强，为人则偏于独断专行，但组织能力及领导才能都很突出。

★沉稳专注型

握手时力度适可，动作稳重，双目注视你。这种人个性坚毅坦率，有责任感且可靠，思想缜密，善于推理，经常能为人提供建设性的意见。每当遇到困难时，总是能迅速地提出可行的应付方案，很得他人的信赖。

★ 漫不经心型

握手时只轻柔地轻握。此类人为人随和豁达，绝不偏执，颇有游戏人间的洒脱，谦和从众。虽然你把对方的手握得很紧，但他只握一下便把手放开。在社交场合中，你表现得轻松自在，但内心却是实际而多疑，你不吃任何人的亏。如果对方突然变得很友善，你脑中便立即闪出小小的红色警讯。你虽然会和对方周旋一会儿，但这一会儿的时间，只是为了发现对方真正的企图和动机。

★ 双手并用型

握手时习惯双手握住你的手。这种类型的人热情忠厚，心地善良，对朋友能推心置腹，喜怒形色，爱憎分明。

当别人把他介绍给你时，他用双手握着你的手，有些人不太习惯他的开放作风，可能会抱怨他太过热情。但最后，这些人都大吃一惊，因为他们发现自己居然也用同样热情的态度回应。

★ 长握不舍型

握住你的手久久不放。此类人情感比较丰富，喜欢结交朋友，一旦建立友谊，则忠贞不渝。当他握着你的手，握了很长一段时间，看看谁先把手抽回来，这是一种测验支配力的方法。假使对方比你先抽手，那你便晓得可以比对方更有耐力，与对方交涉时可以有较大的把握。如果你经常使用这种方式，会比较容易获得对方的让步。

★ 用指抓握型

握手时，他只用手指抓握住你的手，而掌心不与你接触。这种人生性平和而敏感，情绪容易激动。不过，他们是心地善良而富有同情心的人。

★上下摇摆型

握手时，他紧抓你的手，不断上下摇动。此类人十分乐观，对人生充满希望，他们以积极热诚而成为受人爱戴倾慕的对象。

★规避握手型

有些人不愿意与人握手，他们个性内向羞怯，保守却真挚。他避免和别人有身体上的接触，喜欢自己过生活，自己睡一张床。

一眼看透对方的心理

如果想要打开对方的心扉，还必须进一步看透对方的心理，才能有效地说服对方，实现你的社交目的。

人心藏于胸腹，不易为别人所了解，但不知是幸运抑或不幸，人的心思都可由显现于外的表情、动作、言谈等流露出来。即使是极端型的面无表情者，其心理状态也无法完全不表现在其举止之间。下面将为你介绍几项颇有趣味，初见面时可以看透对方心理的技巧。

★反问对方以确认其意图

如果遇上说话语意不明者，而他又回避做明确的结论，乍见似乎有理，实际并不然时，为了确认他是否为意志踌躇的人，可利用他自发的双面理论来加以辨别。在他提出强调单方结论后，应立即反问他对于另一方的理论有何看法。

★请坚持讲完你的话

如果与人见面时，对方表现出闻一知十的态度，你在心里必须先设防备。因为对方对你的个性、情绪毫无所知，却表现出闻一知十的样子，其意义大多表示不想倾听你的谈话。只是对方似乎碍于礼仪或情面，不好直接表明。但是，如果话才说出，对方就频频点头表示了解，您不可缄默其口，而要坚持说完你的话，让对方"更加了解"。

★对方内心不安的表征

一般情况下，见面双方都持着该有的礼仪待人，如果对方态度异常的冷淡无礼，表明他的内心隐藏着不安，为了掩饰其弱点，便采用这种扰乱战术。你可不要被对方的假面具所吓退，此时以冷静的态度应对，才是上上之策。

★"面无表情"的表情

正是其内心无言的表达。当人类强烈的欲望无法得到满足，或心底充满敌意，或有着许多不愿为人知的情感，不敢直接表露而努力压抑时，就会变得面无表情。所以，无表情并非内心毫无所感，而是波涛暗涌，畏于表现出来。在他们没有表情的面孔下，实则隐藏着不为人知的想法。

★对方突然多话时

人变得多话时，并非是他想表达自我时，与之相反，想打断或想结束某话题时也是如此。所以当对方突然高谈阔论起来时，仔细想想是否提到他们不愿触及的问题了。话多并不表示能言善辩，只不过是掩盖自己的内心罢了。

★对方特别亲切时

面对对方亲切无比的应付态度，如果是认为自己交际成功而沾沾自喜，那真是大错特错。对方过度亲切时，必须怀疑对方是否为了掩饰内心的不安才如此。此时，你应该若无其事地转变话题，以看透对方的真实想法。

★故意与对方的意见持反论

以看透对方的人品及思想为目的的面谈中，为了能在有限的时间内尽可能地抓住正确的形象，有各种深层的方法被使用着。其中，有一种被称为压迫面谈的方法，这是一种向面谈者提出令他不愉快的问题，或是将对方置于孤立状态而迫使他做二者择一的决断的方法。总而言之，就是"虐待对方"，将之置于危机的情况中观察其反应的方法。

★ 持续提出以"是""不是"不能回答完全的问题

对于人际交往，特别是要把握对方的真意时，不论有关任何一方面，都有必要让对方说出更多的话。因此，这一方法应是一个有效的助力。

★ 对方把话题岔开

对方将话题岔开，大致有三种情形：其一是因为完全不留神而岔开了，其二为突然产生出乎意料的联想而岔开，其三则是故意将话题引到别处去。这些情形都说明说话者目前的精力已转到了岔开的话题上，因此对于对方的谈话不要在中途截断，让他继续一段时间。如果是第一种情形的话，不久之后对方对于究竟什么才是正题也感到非常诧异；第二种情形中，因为本人并没有忘记本题，所以能自然地了解到其联想与本题的关系；而如果在隔一段时间之后仍然不能回到本题的话，就可以判断为第三种情形。依此种方法可以看到，乍看之下是很浪费时间精力的"离题谈话"，也可以成为了解对方心理的一个绝好机会。

★ 不妨闲话家常

在不了解对方的性格、感情特点等情形下谈话，就像拳击比赛，需要猛击。

而做初次见面的完全脱离目的的闲谈，就如同看似没有目的的进攻，提供了看清对方本意的线索。如果对方加入到闲谈中，则可视为接受你态度的表现。如果对方并不参与闲谈，那么对于你所引出的闲谈，对方应该表示出一些反应。视其反应，你就可以决定是进是退，或是再进一步试试看等，以改变自己的战术。

第 2 章

透过面部表情读人心

古人云："人心之不同，各如其面。"其内里玄机和哲理，固非一朝一夕可以领悟透彻，但其潜在的实用价值和明显的经验作用，被人们以不同方式、不同程度普遍运用。

眼睛是社交的指针

眼皮：窥探内心秘密的暗道

眼皮虽然是很小的一部分，但能够反映一个人的心理，所以人们可以通过一个人的眼皮来初步地了解他。

从进化论的角度来说，上眼皮皮下脂肪丰厚的单眼皮，比上眼皮皮下脂肪单薄的双眼皮进化程度更高。总体而言，眼皮主要起到保护眼睛的作用，而单眼皮是为了更有效地发挥这一作用而进化来的。东方人单眼皮的比率较高，而西方人双眼皮者居多，这是东方人的优势。但是，偏偏就有这么一些人，将进化程度较高的单眼皮动手术修成落后的双眼皮。这些人在孤芳自赏的同时，未必意识到自己正在做一件买椟还珠的蠢事。

研究表明：单眼皮的人冷静，有逻辑性，观察力和集中力均优，思虑深，意志力坚强。性格消极，沉默寡言。做事细心、谨慎，虽有持续力，但个性顽固；而双眼皮的人知觉性强，感情丰富，热情开朗，顺应性和协调性优异，行动积极敏捷。

从下眼皮可以发现过度疲劳的痕迹。把获得了充分睡眠的人和睡眠不足的人做一下比较就会发现，睡眠不足的人下眼睑周边呈现黑色，形成了黑眼圈。过度疲劳、淫乐无度、病魔缠身、郁闷苦恼等，都会引起这一征兆。当然，一般来说，下眼睑周边会随着年龄的增长，相应出现窝、皱纹、垂肿等现象。

当大家见到电视新闻播音员、有涵养的妻子、良家子弟、大家闺秀及被称为"装饰橱窗"的浓妆艳抹的女士时，未必能从他们的脸上窥探到有关其性格方面的信息，因为许多人都将自己掩饰了起来，或是将脸作为与社会接触的媒介，但他们的眼皮却在不经意间泄露了心中的秘密。

透过眼睛看内心

孔子曾说过："观其眸子，人焉瘦哉！"意思就是说：想要观察一个人，就要从观察他的眼睛开始。因为眼睛是人的心灵之窗，所以一个人的想法经常会由眼神中流露出来，好运是隐藏不了的。譬如，天真无邪的孩子，目光必然清澈明亮，而利欲熏心的人，则无法掩饰他眼中的混浊不正。

在人们交谈的过程中，如果对方不时地把目光移向近处，则表示他对你的谈话内容不感兴趣或另有所想，正在计划另一件事情。相反，如果对方的眼神上下左右不停地转动，无法安定下来时，可能是因内心害怕而说谎，通常都有难言之隐，也许是为了不失去朋友的信任，而对某些事情的真相有所隐瞒。

和异性视线相遇时故意避开，表示关切对方或对对方有意；眼睛滴溜溜地转个不停的人，体现了意志力不坚，容易遭人引诱而见异思迁。眼光流露不屑的人，显示其想表达敌视或拒绝的意思；眼神冷峻逼人，说明他对人并不信任，心理处于戒备状态。没有表情的眼神，说明这个人心中愤愤不平或内心有所不满；交谈时对方根本不看你，可以视为对方对你不感兴趣或不愿亲近你。

想要成功地了解一个人，第一件事就是要看穿他的内心。只有这样才能分清哪些人是值得亲近的，哪些人需要远离。

要看穿别人的心，其实并不难。因为再高明的人也会在不知不觉中把自己内心的感情、想法暴露出来，只不过暴露的程度、方式与普通人有所不同而已。

一般而言，善良淳朴的人，眼神大都坦荡、安详；狭隘自私的人，眼神狡猾、昏暗；不恋富贵、不畏权势的人，眼神刚直、坚强；见异思迁、见风使舵的人，眼神游移、飘忽不定……

此外，人的瞳孔大小与其情绪也有很大的关系：当人情绪不好、态度消极时，瞳孔就会缩小；而当人情绪高涨、态度积极时，瞳孔就会扩大。

据相关资料表明，一个人在极度恐惧或兴奋时，他的瞳孔一般会比正常状态下的瞳孔扩大三倍。

例如，几个人在一起打牌，其中一人懂得这种信号，一看到对方的瞳孔放大了，就可以肯定他抓了一把好牌，怎么玩法心里也就有底了。

两个人如果是第一次见面，脸往往是第一个被注意的对象，而脸上第一个被注意的目标又往往是眼睛。

眼睛的神采如何，眼光是否坦荡、端正等，都可以反映出对方的德行、心地、人品、情绪。如果对方的眼睛滴溜溜地乱转，显然你必须心存戒备了。

例如，在街上巡逻的警察对大街上来来往往的行人，他们只要细心地打量一番，就可以将某个人的个性看得八九不离十。因为一个人的眼睛最能反映他的身份。作奸犯科的人的眼神，几乎一眼就可以看出来。

躲闪对方目光的人，一向缺乏足够的信心，不仅怀有自卑感，而且性格软弱；遇到陌生人，不会主动前去打招呼，即使打招呼也是躲闪着别人的眼睛，这样的人一般比较拘谨，在处理问题时缺乏自信，没有什么主见。

当然，如果是一对恋人，躲闪对方的目光又是另一回事了，那表示紧张或羞涩。

透过眼神推测对方的动机

眼睛是心灵的窗户，它会毫不掩饰地表现出你的性格、学识、情操、趣味和品性。

心胸坦荡、为人正直者，其目光明澈、坦诚；心胸狭窄、为人虚伪者，眼神狡黠、阴晦。目光执着的人，志怀高远；眼神浮动者，为人轻薄。眼神内敛，表明自私；目光暴露，表明贪婪。自信者，眼神坚毅、深邃；自卑者，眼神晦暗、迷离。

以下使用眼睛的不同方式，还会泄露个人不同的心底秘密：

① 一直盯着对方的眼睛，心中定是另有隐情。

② 在谈话中注视对方，表示其说话内容为自己所强调，希望听者能及时做出回应。

③ 初次见面先移开视线者，多想处于优势地位，争强好胜。

④ 被对方注视时，便立即移开目光者，是一种自卑的表现。

⑤ 看异性一眼后，便故意转移目光者，表示对对方有着强烈的兴趣。

⑥ 喜欢斜眼看对方者，表示对对方怀有兴趣，却又不想让对方识破。

⑦ 抬眼看人时，表示对对方怀有尊敬和信赖之心。

⑧ 俯视对方者，欲表现出对对方的一种威严。

⑨ 视线不集中于对方，目光转移迅速者，性格内向。

⑩ 视线左右晃动不停，表示正在冥思苦想。

⑪ 视界大幅度扩大，视线方向剧烈变化时，表现此人心中不安或有害怕的心理。

⑫ 在谈话时，如果目光突然向下，表示此人已转入沉思状态。

⑬ 尽管视线在不停地移动，但当出现有规律的眨眼时，表示思考已有了头绪。

眼睛的动作多种多样、千变万化。有拒绝眼色交流的动作；有各种不客气地看看对方的动作；有些人在拥挤的公共汽车上目视远处，心甘情愿地舍弃自我，任人观察；有兴趣极浓的人不断地扫视；也有心怀戒备的凝视；甚至还有用仇恨的目光来毫无约束地诅咒别人。

在被别人注意时，如果不加理睬就使自己变成了一个纯粹的被观察目标。一旦双目对视，观察者和被观察者就都完全变成活生生的人了，就不能再像看一件物体一样去凝视了。如果看别人并非凝视不动，人们是在承认对方是人，而后目光就移开，是维护别人的独自权。然而在斥责时，眼睛动作就一反常态了，双眼逼视对方，对方却避而不看责骂人。如果目视责骂人，就表示反抗或挑战。

对某人凝视是将人"非人格化"，但这种凝视有时是允许的。例如，在剧场和演讲厅，演员和演说家愿意自己在表演或演说时，使自己失去自我感，只让别人把自己当成抽象的人去观察，这样可以避免一些紧张；服务人员都回避直愣愣地凝视顾客，因为他们一旦留心观察顾客时，就不再将顾客只当作服务对象对待了。眼神也可能变成指点，如果有人从他的餐桌上看看你，然后又看看你的脚，那么他的眼睛就是在指责你，你的脚的动作引起了他的不满，叫你注意。这一指点动作，中外是相同的，唯一的差别是中国人的这一指点动作要比西方国家的人多。以眼神指点可以不太显眼，比较客气。

两人相互对视时，眼睛动作就比较复杂了。当你发现别人在看你时，你得到了对方在注意你的信息，而且也获悉交际渠道已经敞开。依据持续注视的特征，你就可以发现，他对你的感情是爱还是恨，或者是中性感情。你也许还要做出某种反应，是改变还是继续这种关系。这方面有些特征是人类所共有的。久久凝视表示对某人怀有特殊兴趣，无所畏惧，敢于蔑视或粗暴无礼；中止注视则表示漠不关心，缺乏兴趣、无所畏惧、心中厌烦、困惑尴尬、羞怯畏缩或对人缺乏尊重。我们对所喜爱、仇恨或惧怕的人或物往往密切注视；反之，则不愿留意观察，不是漠然处之就是环顾左右而言他。

透过眼形辨别对方心思

固然，嘴能说话，但生活无时无刻不在告诉大家：嘴说的是"谎话"，而将"真情"流露的则往往是守不住秘密的眼睛。

★ 虎眼

这种人的眼睛常呈现出一种淡黄色，人们称之为"金眼"。这种眼睛的瞳孔可以变化，有时候大，有时候小。从性格上讲这种人比较稳重，常常会表现出宠辱不惊的样子。但是，这种人对子女不大关心，因而对子女的教育和管理不是很好。

★ 象眼

这类型的人的眼光里似乎上上下下都有波纹，眼睛虽然不太大，但是显得炯炯有神，给人一种比较和善、容易相处的感觉。这样的人比较敏锐，善于抓住时机，因此成功的机会是很大的。

★龙王眼

此类人的眼珠、眼白可谓是黑白分明，眼眶比较大，很有生气，给人一种清明秀丽的感觉。他的心理素质一般都比较好，无论遇到什么事情，总是可以泰然处之。因此，他在成功的道路上一般都会风调雨顺。

★龟眼

这种人的眼睛显得圆润且充满了灵气。眼球上好像有细小的波纹，眼光里充满着灵气，正由于他这双美丽的眼睛，常常给人留下很好的印象。在事业上，一般都会取得不小的成就。而且，他的人际关系很好，甚至会惠及子子孙孙几代人。

★牛眼

此类人的眼睛大而有光，眼珠不会变化，无论是远看还是近看，神气都不会发生太大的变化。虽然如此，但他为人比较平和，办事一般都是一步一个脚印，一生都比较平稳。

★狮眼

这类人的眼睛最显著的特征是大，眉毛比较粗，略微给人一种狂妄的感觉，但又不失端庄的神态。这成就了他外刚内柔的性格特质，外表与内心结合得很好。他在事业上一般都比较顺利，不会做贪赃枉法的事情。

★鹊眼

这类型的人的眼睛比较修长，再加上一对比较好看的双眼皮，给人印象基本是温顺和善良的。他从小就比较有志气，做事情比较老练，所以常常都是少年得志。同时，可能因犹豫不决而错失良机。

★ 鸳鸯眼

这种人的眼睛长得很美，红润的眼圈就像蒙上了一层薄纱，给人一种若明若暗的朦胧之美。这种微圆的眼睛略带一点桃花色，让人感觉温顺有情。因此，这类人在情场上常常都会得心应手，艳福不浅，在舞场上则出尽风头。他们如果钱多了，往往会节外生枝，制造不少桃色事件。

★ 孔雀眼

这类型的眼睛眼白少，眼黑多，但眼睛并不代表他的心，黑光形成一道光柱，让不良之人不寒而栗。他比较廉洁，很少占别人的便宜，因此常常获得很好的名声。

★ 猴眼

这类型的眼睛里好像有一道道的波纹，黑眼珠转动很快，但是让人感觉到的不是奸诈而是机敏。他一般头脑灵活，善于吸收各方面的有益信息。正是由于这种机敏，使他常常为别人着想从而能够跟别人处理好各种关系，因此在事业方面成功的可能性很大。

★ 凤眼

此类人的眼睛给人的印象主要是明丽清秀，眼光炯炯有神还不失儒雅式的柔美，让人感到神清气爽。他们具有良好的心理素质，能够很冷静地对待很多事物，善于择善而从、择优而取，常常取他人的长处，补自己的短处，因而一般都可以出人头地。

★ 马眼

马眼的眼皮比较宽，眼珠凸现，面皮贴得紧紧的，像淋湿的衣服对身体的依附一样，整天都好像在流泪。他们的眼睛与他们的生活经历十分密切。他们一辈子都在奔忙，但是由于经营不善，很难过上安定的日子。

★鹤眼

此类人的眼睛四周微红，黑白分明，瞳孔秀美，可谓人见人爱。端庄正气的他一般不会斜视别人，给人一种温文尔雅的印象。在事业上，他常常会一帆风顺，心想事成。即使有些波折也只是生命的小插曲。

★桃花眼

这类人的眼皮很滋润，仿佛充满了液体，看人总是微微地一斜，眯眯的微笑让人有魂不守舍的感觉。此类人很喜欢娱乐。那些通宵达旦的人中，常常少不了这样的人。他们是天生的"情场高手"，这使他们在社交圈中得心应手。

观眉毛，识人心

透过眉毛观察对手

人类眉毛的功能，无疑是展现心情的变化。以前，曾有人认为眉毛的主要功能是防止汗水和雨水滴进眼睛里。眉毛除了这种功能之外，更重要的是与表情有关。每当我们的心情有所改变时，眉毛的形状也会跟着改变，从而产生各种不同的重要信号。

★ 低眉

低眉是受到侵略时的表情，防护性的低眉则只是要保护眼睛，免受外界的伤害。

在遭遇危险时，光是低眉仍不够保护眼睛，还得将眼睛下面的面颊往上挤，尽最大可能提供保护，这时眼睛仍保持睁开并注意外界动静。这种上下压挤的形式，是面临外界袭击时典型的退避反应，眼睛突然见到强光照射时也会有如此的反应。当人们有强烈的情绪反应，如大哭大笑或感到极度恶心时，也会在脸上产生这种表情。

★ 皱眉

一般人常把一张皱眉的脸视为凶猛，不会想到那其实和自卫有关，而真正带有侵略性的、一无畏怯的脸，是瞪眼直观、毫不皱眉。

皱眉所代表的心情可能有许多种，例如：希望、诧异、怀疑、疑惑、惊奇、否定、快乐、傲慢、错愕、不了解、无知、愤怒、恐惧等，要准确了解其意义，必须寻找背后的真实原因。

一个深皱眉头忧虑的人，基本上是想逃离目前的境地，却因某些原因无法做到。一个大笑而皱眉的人，其实心中也有轻微的惊讶成分。

★眉毛一条降低、一条上扬

两条眉毛一条降低、一条上扬。它所表达的信息介于扬眉与低眉之间，半边脸显得激越，半边脸显得恐惧。尾毛斜挑的人，心情通常处于怀疑状态，扬起的那条眉毛就像是提出一个问号。

眉毛打结指眉毛同时上扬及相互趋近，和眉毛斜挑一样。这种表情通常表现严重的烦恼和忧郁，有些慢性疼痛的患者也会如此。急性的剧痛产生的是低眉而面孔扭曲的反应，较和缓的慢性疼痛才产生眉毛打结的现象。

在某些情况下，眉毛的内侧端会拉得比外侧端高，而成吊眉似的夸张表情，一般人如果心中并不那么悲痛的话，是很难勉强做到的。眉毛先上扬，然后在几分之一秒的瞬间又下降，这种向上闪动的短捷动作，是看到其他人出现时的友善表示。它通常会伴着扬头和微笑，但也可能自行发生。尾毛闪动也经常于一般对话里，作为加强语气之用，每当说话时要强调某一个字时，眉毛就会扬起并瞬即落下，像是不断在强调："我说的这些都是很惊人的！"

眉毛连闪表示"哈罗！"，连续连闪就等于在说："哈罗！哈罗！哈罗！"。如果前者是说"看到你我真高兴！"，则后者就在说"我真是太意外，太高兴了！"。

★耸眉

耸眉亦可见于某些人说话时。人在热烈谈话时，差不多都会重复做一些小动作以强调他所说的话，大多数人讲到要点时，会不断耸起眉毛，那些习惯性的抱怨者絮絮叨叨时就会这样。

眉毛的形状是千变万化的，心理学家指出，眉毛可有 20 多种动态，分别表示不同心理变化。

与眉毛相关的动作主要有：双眉上扬，表示非常欣喜或特别惊讶；单眉上扬，表示不理解、有疑问；皱起眉头，要么是陷入困难的境地，要么是拒绝、不赞成；眉毛迅速上下活动，说明心情十分好，内心赞同或对对方表示亲切；眉毛倒竖、眉角不拉，表明极端愤怒或异常气恼；眉毛的完全抬高表示"难以置信"；半抬高表示"大吃一惊"；正常表示"不做评论"；半放低表示"大惑不解"；全部降下表明"怒不可遏"；眉头紧锁，说明这是个内心忧虑或犹豫不定的人；眉梢上扬，表示是个喜形于色的人；眉心舒展，表示此人心情坦然、愉快。

眉形不同，人各有异

从生理学来说，眉毛对保护眼睛是功不可没，即使在美学上，眉毛的作用也不可小看。人们将"眉清目秀"作为美人的一个重要标准。

★威虎眉

这类人的眉毛清秀而修长，眉毛向上，给人一种威风凛凛、不可侵犯的感觉。他们胆子比较大，敢作敢为，有顶天立地的责任心，因此事业往往有比较大的成就。

★罗汉眉

此种人的眉毛短而杂乱，从整体上看显得局促而疏散。他们的眉毛就像长期劳碌的样子，给你一种落魄的感觉。

★狮子眉

这种人的眉毛粗壮而挺直。狮子虽然给人威猛的感觉，但不像老虎那样凶猛。这种人一辈子比较平淡，中年以后才可能有所成就，在事业上属于大器晚成。

★螺旋眉

这类型的人的眉毛既像一个螺旋，又像烫过的卷发，每一根眉毛都卷曲起来，给人一种比较威严的感觉，犹如战场上的将军。可能是人们经常把这种人当成将军，所以他们往往用"兵不厌诈"的思维去处理问题，生性多疑，与人的关系比较冷淡，对家人也是一样。由于他们沉着冷静，所以寿命较长。

★利剑眉

此类人的眉毛粗壮，眉头斜上，形如短剑，往往给人凶悍的感觉。一般而言，他们的脾气比较急躁，心胸比较狭窄，与人的关系不很融洽，即使是父子间也往往有不可逾越的代沟。所以一方面他们要注意身体，另一方面应该特别注意陶冶自己的情操。

★卧蚕眉

这种类型的人的眉毛清秀而细长，眉头眉尾比较细，眉的中间较粗。他们生性比较机灵，为人仗义。虽老谋深算，但给人一种英俊的感觉，往往是少年得志。由于外形比较清高，使人产生敬意，所以与人的关系不是很和谐。

★细弯眉

这种人的眉毛清秀而弯长，眉尾微微上翘，眉毛细长，看起来聪明伶俐。事实上，他们谦恭而文雅，非常注意品德的修养，很有作家的风采。与人的关系较好，做事容易取得成功。

★柳叶眉

这类型人眉毛较粗，眉尾弯曲，呈现出不规则的角状，就像春天的一片柳叶。他们表面上给人一种糊涂的感觉，但内心往往是清楚明白的。他对人比较诚实，与朋友的关系很融洽，家庭观念却比较淡薄。因为朋友很多，中年之后，往往事业有成，名声较大。

★短秀眉

这种类型的人眉毛短促而清秀，漆黑有光，给人一种慈眉善目的感觉。他们比较讲求信义，抱负远大，心地善良，对家庭负责，对朋友忠义，对父母有孝心，被认为是有福气之人。

★八字眉

此类人的眉毛像一个"八"字，不仅看起来比较英俊，而且为人善良，极为勤奋，因而一辈子衣食无忧，但是终身劳作不息。眉毛比较细长，稍微向上弯曲，从整体上看，显得浓密而清秀。一般来说，他们会得到良好的教育，才智超群，事业有成。

★扁担眉

这种人的眉毛的眉头、眉尾粗细均匀，给人一种清明的印象，因形状像"扁担"而得名。正如扁担的爽直单纯一样，他们比较孤僻，但能够专心做事，很容易获得功名富贵。因为心态坦然，故身体健康，寿命较长。

★疏秀眉

此类人的眉毛清秀修长、眉尾疏散成三角形，往往比较清高，与兄弟姐妹关系不甚融洽。他从小就很聪明，读书成绩上佳，人到中年就会显达，一生都比较顺利，但家庭责任感不强。

★疏散眉

这种人眉稀毛细，给人雾里看花的感觉。这种眉相的人，内向文静，但缺乏上进心。由于工作或婚姻关系与亲人聚少离多，是一个比较主观理智的人。

★浓眉

这种人眉浓得像用签字笔画上一样，如蜡笔小新之黑眉，代表他们傲慢顽固的倾向，自我中心意识比较强，待人不够谦虚诚实。但此类人心机不深，性情率直，颇有人缘。

★三角眉

俗称勇士眉，一般的杀手或武士，大多有这种眉。他们刚毅果决，不怕遭遇挫折，喜欢以自我为中心，因而事业上常常是孤军奋战。

★疏眼眉

这类人眉眼距离宽，代表他们体内有长寿的因子，性格温和宽厚，是个很好相处的人。但若宽过一根食指的距离，他们可能是口是心非、言不由衷之人。

★一字眉

也就是眉形像正楷写的一字的样子，又有粗细之分。粗一字眉的人，胆子大、意志力强，并且有势头精神，说话声音大、严厉，甚至武断；细一字眉的人，固执、做事缺乏耐性，也有可能成为令警察头疼的智慧型罪犯。

★倒竖眉

"倒竖"之眉，指眉相成倒八字。这类人性格坚毅，有理想抱负，勇于进取，具备了成功的所有心理品质。不过，这种眉太过的话就会飞扬无度，使眼显得低陷无奇，则多为好高骛远。小事不愿做，大事又做不了，终无成就。

读懂鼻子的"语言"

鼻子也有"表情"

鼻子动作虽然轻微，但也能表现一个人的心理变化，看透他隐藏在内心的秘密。

在谈话中，对方的鼻子稍微胀大时，多半表示满意或不满，或情感有所抑制。鼻头冒出汗珠时，说明对方心理急躁或紧张；如果对方是重要的交易对手时，必然是急于达成协议。如果鼻子的颜色整个泛白，表示对方的心情一定畏缩不前。鼻孔朝着对方，显示藐视对方，轻视别人。鼻子坚挺的人性格坚强，决定的事情一定要做到。摸着鼻子沉思，说明对方正在思考方法，希望有个权宜之计解决当前的问题。

有位研究身体语言的学者，为了弄清"鼻子"的"表情"问题，专门做了一次观察"鼻语"的旅行。他在车站观察，在码头观察，到机场观察。他旅行了一个星期，观察了一周，得出以下两个结论：

第一，旅途是身体语言最丰富的表现区域。因为各个地区、各种年龄、不同性别、各种性格的人都汇集在一起，而且都是陌生人，语言交流很少，但心理活动又很多，所以大量的心态都表现为身体语言。

第二，人的鼻子是会动的。鼻子是个无声语言的器官，他通过观察发现，在有异味和香味刺激时，鼻孔会有明显的伸缩动作，严重时整个鼻体都会微微地颤动，接下来往往就会出现"打喷嚏"现象。他还认为，这些"动作"都是在发射信息。此外，据他观察，凡高鼻梁的人，多少具有某种优越感，表现出"挺着鼻梁"的傲慢态度。关于这一点，有些影视界的女明星表现得最为突出。他说，在旅途中，与这类"挺着鼻梁"的人打交道，比跟低鼻梁的人打交道要稍难一些。

一位日本籍整容医生凭借自己的临床经验说："某人一旦接受了隆鼻手术，以往本来属于内向性格者，常会摇身一变成为倔强之人。"

曾有一本小说，其中有一段关于鼻子动作的描写。书中的男主角看到一位漂亮的小姐，为了表现出他的与众不同的吸烟法，他向空中吐着烟圈，然后烟圈飘向那位小姐。小姐没说什么，只是伸手捂了一下鼻子。男主角便问道："你讨厌烟味吗？"那位小姐没有回答他，只是继续捂着鼻子。

其实，用手捂鼻子的身体语言已经表达出了她的讨厌情绪，遗憾的是那位吸烟者竟然没有看出来，反而去问一个不该问的问题。

有些研究资料主张把用手捏鼻子的动作归为鼻子的身体语言，而不是手的身体语言。此外，若某人仰着脸，用鼻孔而不是用眼睛"看"人，这跟用手捂捂鼻子一样，是要表达自己反感的情绪。

在旅途中，碰到有这些姿势的人，尽量少打交道。譬如：请他人帮助做某件事情之时，如果对方做出用手摸鼻子的动作，或是用鼻孔对着你"看"，这应该视为他接受请求的可能性不大，或者提出拒绝的表示。

因此，跟讨厌的人进行迫不得已的交谈时，如果想尽快结束无谓的话题，不妨用手多次摸鼻子，再加上不停地交换架势，或用手拍打周围的物体。另外，用手摸鼻子的行为，如果加上身体前屈的动作，则此时显示出来的感觉也会有所不同。

透过鼻形识人

鼻子不仅是人体的呼吸通道和嗅觉器官，而且与人的性格有关，你可以通过鼻形、鼻类、鼻势、鼻色等闻出对方的"人味"。

★眉心鼻

这种人的鼻子直插脑门，鼻根几乎与眉心连在一起，给人一种一气贯通的样子。鼻子上的肉与骨头互相映衬，含而不露，让人产生一种神清气爽的感觉。据说，他们的运气很好，常常有贵人相助，所以往往位居高处。他们需要注意工作方法，避免感受"高处不胜寒"的寂寞。

★鹰嘴鼻

俗话说"鹰鼻挖人的脑髓"，因此这种人常常给人一种奸诈的感觉。他们鼻子的鼻梁很高，就像一座山峰。鼻尖仿佛有个钩子，恰如"鹰嘴锁唇边"。他们的鼻翼短小而少肉，常常带给人一种刻薄寡情的印象。

★胡羊鼻

此类人的鼻头很大，鼻翼丰满，给人一种富贵的感觉。常常挥金如土使他们一方面朋友多，另一方面则成为坐吃山空的"败家"形象。

★猛虎鼻

这种人的鼻子的鼻尖很圆、很壮，鼻孔不外露，鼻梁不偏不歪，给人一种美感。一般来说，他们比较稳重，有权有钱，很受人羡慕，是成熟的形象代表。同时，他们的魄力往往使他们的生活有一些小波折。

★黄牛鼻

这类人的鼻翼比较丰满，鼻孔稍稍上扬，鼻根很肥大，左右鼻线分明。比较有谋略，善于动脑筋。但鼻子要求有好的搭配，长在长方脸上才会比较好看。

★苦胆鼻

这种人的鼻子就像一只悬挂着的苦胆，鼻尖圆而齐整，鼻梁连贯挺直，鼻翼一般比较小。由于鼻翼的陪衬作用比较差，他们鼻子看上去并不美观。青壮年时代是他们成家立业的黄金时期，如果他们意气风发，成家立业将两全其美。反之，错过了这样的时期，孤苦生活可能常伴他们左右。

★烈狗鼻

这种人的鼻子的中部骨峰突起，鼻孔很薄且大。他们一般都比较有主见，很少听从别人的意见，而是凭自己的意志做事。这往往使他们把自己置于孤军深入的地步，事业上的成功，大多需要他们付出沉重的代价。

★竹筒鼻

此类人的鼻子就像一节竹筒，齐齐整整，端端正正。鼻梁上肉很多，摸起来软软的。一般来说，他们办事很稳重，其行为举止散发出男人的干练或女性的端庄。人到中年，事业有成。

★蒜头鼻

这类人的鼻子就像一个蒜头，鼻梁扁平，鼻子短小，鼻尖和鼻翼比较细小。他们缺乏热情，对人比较冷淡，年轻的时候一般不会受到他人重视，中晚年才有希望发展。他们士气低落，所信奉的生活原则是"平平淡淡才是真"。

★威龙鼻

这种人的鼻子就是人们常说的高鼻隆。鼻梁方正，不偏不斜，高高地隆起，给人一种威严的感觉。他们在人们心目中是美好和高贵的象征。事实上，他们也是衣食丰足，而且往往成为某一领域的权威人物，但需要注意自负与清高趋向。

★狮子鼻

这种人鼻子的主要特征是鼻翼很丰满，看起来虽然不是很美观，鼻梁不高，却给人一种贵族范的感觉。他们的财富与自身的努力关系密切，属于"白手起家"的典型。

★偏门鼻

这类人鼻子的鼻根比较细小，鼻梁比较低，鼻尖舒缓，鼻翼又矮又小。由于鼻子比较难看，往往无端地受到别人的冷眼，因此做事常常会遇到意外的困难。因此，建议他们多登山或观海，抛弃烦恼或心中的郁闷。

★黑灶鼻

此类人鼻子的鼻孔很大，鼻尖高高地向上翘起，两个鼻孔就像两个深不可测的洞。他们的鼻子虽然不是很丑，但也给人一种不好的印象。他们常常被人称为"艰辛受苦劳碌多"的人。但在他们的信念中，他们相信"一分耕耘，一分收获"，这可能使他们事业上有所作为。

★猩猩鼻

这种类型的鼻子有些像聪明的猩猩的鼻子，鼻梁比较高，眉毛和眼睛与鼻子紧紧地挤在一起，毛发比较粗，面部比较宽，身体比较厚实。他们的鼻子给人的印象是朴实和憨厚，常常得到贵人的重用和提拔。对别人而言，他们平步青云令人羡慕，但他们并不会因此而骄傲自满。

善变的嘴巴，祸福的瓶颈

嘴巴是人传递有声语言的器官，它不但是人最忙碌的器官之一，而且是脸上最富有表情的部位，语言表达、思想传播、情感交流、吃喝等许多功能都需要它来实现。在人的生存交往中，嘴巴有着其他器官无法替代的重要作用，现代心理学家经过长期观察发现，嘴巴还有反映一个人性格特征的功能。

各种口型的秘密

口不仅有大小之分，也有形状之别，不同的口形能给人以不同的感觉，不同的口形有不同的性格。

理想的口唇形状应该是：口阔而有棱，正而不偏，厚而不薄，唇色红润，形如角弓，或如四字，或口方唇齐，上下唇薄厚统一，相载相覆，开大合小，唇紧闭而不露齿，位置正中，左右对称，此为有成。有成的嘴唇，表示一个人正直、忠信，语不妄发，有口德，也说明身体健康。

相反，口唇若尖缩而无棱，阔大无收，偏斜不正，薄而不厚，唇色发黑干枯，两角下垂，上下唇薄厚不统一，不相载覆，唇开露齿，位置偏歪，左右不对称，则为无成。

★ 聪明好学的四方口

四方口就是嘴的形状像一个"四"字。这种口型方方正正，嘴角平直，给人一种活泼开朗的感觉。这种人无论做什么事都专心致志，头脑比较灵活，读书学习都比较容易见成效。这种人因为乐观好学，很容易受到别人的喜欢；因为正派，常会得到别人的信赖和帮助，因此人生也不坎坷。

★ 笑不绝口的仰月口

这种口型比较方正，两个嘴角自然向上，天生就是一副很快乐的样子。这种人往往唇如朱丹，齿如白银，给人以很好的印象，再加上那副天生笑容，很容易获得别人的好感。他们对知识也很感兴趣，好奇心强，知道得也多，往往出口成章，显得满腹经纶，所以经常会成为社交中引人注目的人物。

★ 消极悲观的覆船口

口形如倒扣的船，嘴角两边向下垂，下唇绷得很紧而且轮廓也不大清楚。这种人思想消极，无论什么事情都往坏的一方面想，行动迟缓，是典型的悲观主义者。

通过嘴巴动作观察性格

人们经常说的一句关于嘴巴的话是：好马长在腿上，好人长在嘴上。这句话共有两层含义：一是说人的嘴长得好看，如古代女子长有好看的嘴会被称为樱桃小口，因为小口而飞黄腾达、留名史册的女人着实不少，这是嘴巴在视觉上的功能；通过嘴巴进行雄辩也是这句话概括出的功能，如战国时期的苏秦就是靠着一张嘴巴游说六国而腰挂六国相印的。

★嘴巴抿"一"字形的人

在需要做重大决定，或事态紧急的情况下，有些人会出现这种动作。他们一般都比较坚强，具有坚持到底的顽强精神，面对困难想到的是如何战胜而不是临阵退缩。他们也是倔强一族，每件事都经过深思熟虑之后才采取行动，这时候谁也阻挡不了他们，他们是不到黄河心不死、不到长城非好汉的典型代表，所以获得成功的概率较大。

★谈吐清晰、口齿伶俐的人

这种人给别人的第一印象是嘴上功夫了得，能说会道，但他们通常属于两种不同的极端，要么才华横溢，要么平庸无奇。前者能够夸夸其谈，倚仗着自己丰厚的知识底蕴，说出的话有理有据，不容辩驳；后者与前者相比大相径庭，他们说的话虽多，而且口若悬河，却是长篇累牍，毫无作用，但他们也有敏捷的思维，在交往过程中没有半点的呆板和迟钝，拥有良好的人缘。

★语言模糊、说话缓慢的人

通常在语言表达方面缺乏训练，不喜欢人多的地方，经常独处一室自娱自乐，结果各个方面都无法得到真正的锻炼，表现也非常平淡，成功只会离他们越来越远。

还有一种人属于"不鸣则已，一鸣惊人"的类型。有一句名言说得好：沉默的人总是最危险的人。在别人夸夸其谈的时候，他们通常是沉默寡言，但在脑中却不停地进行着思考，他们说出来的话虽然少，但必定会非同凡响。

★偶尔用手捂住嘴巴的人

容易害羞，特别是在陌生人或关系一般的人的面前更是沉默少语。他们的性格特征是保守、内向，在与他人进行交往的过程中极力掩藏自己真实的感受，同时也不喜欢在众人面前显露自己。他们的这个动作有时候类似吐舌头，表示他们对刚才说出的话或做过的事已经意识到了错误。

★牙齿咬嘴唇的人

在交谈的时候，通常的情况是上牙齿咬下嘴唇、下牙齿咬上嘴唇或双唇紧闭。人们都可以看出他们是一副聚精会神的样子，而他们也正在聆听对方的谈话，同时在心中仔细揣摩话中的含义。他们一般都有很强的分析能力，遇事虽然不能非常迅速地做出判断，但是决定一旦做出，往往没有后顾之忧。

★高昂下巴的人

心高气傲，从来不觉得自己会出现差错，即使客观事实摆在眼前，也会强词夺理进行辩论。他们有着非常强的优越感，仿佛自己是个亿万富翁。他们自尊心极强，不允许他人对自己有半点亵渎。他们爱面子，为了维持自己的面子而拒绝承认别人的成绩和荣誉。

★收缩下巴的人

一般胆小怕事，办事总是小心翼翼，所以能够办好手头上的工作。但他们只注重自己眼前的工作，而且由于保守与传统导致故步自封，同时不善于采纳他人的意见，常常由于不信任他人而拒人于千里之外。

★嘴角上挑的人

机智聪明，性格外向，能言善道，善于主动和陌生人打招呼，并进行亲切的交谈。他们胸襟开阔有包容心，不会记恨曾经伤害过自己的人。有着非常良好的人际关系，在最困难的时候常常能够得到他人的支持与帮助。

嘴唇厚薄与人的德行

某些社会学家对嘴唇进行研究后发现，嘴唇不仅与身体健康有关，还与人的品质性格有关。

★嘴唇厚的人为人实在

嘴唇厚的人给人的感觉是憨厚、诚实，这种人心地善良而仁慈。在为人处世中，他们总是诚恳待人，对朋友、同事重感情、讲信用。但是，这种人缺乏自己应有的主见，办事没有足够的魄力。

★嘴唇大且厚的人性格坚强

这种人给人的印象往往是沉着稳重。一般而言，他们性格坚强，具有很强的自尊心和好胜心，做起事来总有一股冲劲儿和拼搏力，不达目的誓不罢休。

为什么会有这种感觉呢？嘴唇厚的人，面颊往往比较丰满，因此给人一种忠厚老实的感觉，而这种人待人温和，具有良好的人缘。为了保持这一系列优势，他们对自己的工作会愈来愈尽职尽责，工作也会愈来愈扎实。

★嘴唇薄者爱吹毛求疵

人的容貌特征与人的道德品质总有一种潜在的联系。如品行端正者作风也正派，贼眉鼠眼者为人奸诈，鼻正心也正，鼻歪心有鬼。嘴唇厚薄也同样遵循这一规律。在现实生活中可以发现，那些尖酸刻薄的人，天生就爱耍嘴皮子，唠唠叨叨把嘴唇都磨薄了。在他们的概念中，好像只有用滔滔不绝的语言才能战胜对方，从不打算与对方真诚交往。

★嘴唇松弛的人缺乏耐力

这种人给人一种松松垮垮的感觉。他们的身体一般不会很好，办事缺乏足够的体力支持，无论做什么事情，只要过一会儿，他们就会感到精疲力竭。

这种人适合做那些风风火火的事，因为他们的动作往往很迅速。这种人应该注意锻炼身体和增加营养，把体力和意志都提到一个新的高度。

嘴部的无声语言远远超过了有声语言的作用，它可以"一言不发"地告诉你一切。当然，这要依赖于你对身体语言的理解，只有这样才能使其发挥出相应的作用。

其他细节：以貌识人的通行证

透析人的前沿堡垒——牙齿

★大牙

代表体力充沛，有朝气，人际关系很好。但行事大大咧咧，不够细心。

★小牙

据有关资料表明这类人努力勤奋，很有毅力且细心冷静，非常有耐心。

★小大牙

资料显示，此类人做事精打细算，设想周到。但耐力不足，往往只有心动而没有行动。

★外突牙

俗称的"暴牙"。此类人胆子很大，积极上进，好奇心强，很爱说话，也喜欢吹牛。但做事不能有始有终，事业上往往半途而废。

★内倾牙

也就是上下两排牙齿都向内倾斜。说明这种人常标新立异，行为举止异常，是个很有创意的人，适合搞策划。

★稀疏牙

这类人的身体状况良好。但个性大而化之，不能保守秘密。

★杂乱牙

牙齿长得参差不齐的人，通常善变，喜怒无常，而且以自我为中心的观念强。言行也不一致，而且常常失信于人，所以他们的朋友往往是来去匆匆。

信息接收器——耳朵

★从耳形观察人

①金耳。金耳的轮廓比较小，颜色比脸白，有明显的耳垂，耳尖位置高过眉毛一寸左右。这种人给人的印象是比较高贵，听力很好，是所谓的"耳聪"之人。他们很聪明，能够在事业上不断前进，取得好成绩。

②木耳。这种耳朵显得比较瘦薄，给人一种干枯的感觉，耳垂很小甚至没有耳垂，肉耳部分有时却显得很突出。他们常常给人一种饱受饥饿的感觉，不会引起人的美感。然而，往往会引发人们的怜悯之心，这使他们成为值得信赖的朋友。

③水耳。水耳很厚，微圆，紧紧地贴着头部，耳垂比较突出，颜色红润，给人一种美的感受。这类人丰润的耳朵代表营养很好，身体健康，有足够的能力去办各种事情，而且成功的可能性很大，一般都会顺利发展，佳绩频传。

④火耳。这种耳朵耳轮微尖，耳垂不太好看，内耳有些外翻，耳尖位

置高过眉毛。有这种耳朵的人，鼻梁上一般都有一条横纹与之相配。根据医学研究表明，这种人的肾功能不太好，往往会影响生儿育女。因此，在个人终身大事上，大家可谨慎参考，防患于未然。

⑤土耳。此类人的耳朵坚厚肥大，修长，色泽红润，轮廓分明，给人一种鹤发童颜，生命力很旺盛的感觉。事实上，他们身心健康，无论办什么事情都会积极主动，而且不仅是重在参与，成功的可能性很大，被认为是事业上的成功者。

⑥威虎耳。虎耳的轮廓比较小，看起来好像有些残破。如果站在他们的对面而不能同时看见其双耳，就会让人有很奇特的感觉。

这种人的听力不是特别好，但是往往警惕性很高，所以给人疑心很重的印象。对于处在管理层面的他们来说，要注意集权，更要大胆分权。

⑦猪耳。这种耳朵的特征是：没有明显的耳郭，耳轮很明显，并且很厚，有的向前，有的向后，有的长着一个大耳垂。

他们看起来就像一个富翁，但实际上最后是不可能有什么财富的。即使曾经拥有财富，最后也是所剩无几。所以，他们可以在不动产上进行适当投资，以使自己老有所养。

★从耳态看透对方

①耳形虽小，但轮廓紧收，肉质厚实细致，并垂珠丰润，贴脑又高过于眉毛。代表他们必然是白手成家，虽然早年贫苦，但富贵可期，名利可望。

②耳朵虽然轮廓分明，但耳肉薄削见骨。代表他们即使有所成就，也是名多于利，不适合从商，但适合朝文学、艺术方面发展。

如果耳相好但鼻尖不丰者，同样也代表他们一生名高于利。

③耳轮外反，耳郭反露。代表这种人虽精明干练，但没有财务成本概念，往往因意气用事，而破败于刹那之间，让事业毁于一旦；不过，耳反

的人如贴脑则能成业持财，富足一生。

④金木开花耳。即耳轮杂乱凸出且轮飞廓反者，代表此类人幼小家贫，一生艰辛。如果已成老板，则代表他们必为白手起家，凡事要注重基础，是个踏实的老板，但对属下要求也颇高。这常常使他们的产品与他们人品相映生辉。

⑤耳有上耳外轮而无下耳外轮，代表他们一生事业成败无常。据研究表明，这种耳相代表上火下水不济，因此他们一生性情反复不定，注定一生漂泊，难有定业。

⑥耳朵虽轮反廓露，但耳贴脑又有垂珠。说明他们一生事业有成，但属大器晚成型。为人也属于愤世嫉俗型，往往感叹世态炎凉，人情似纸，因此不容易相处。

⑦耳朵生长的位置高过于眉。代表这种人思想纯正，智力高超，青少年即可能得名获财，如其他五官配合得宜，则表明他们在商场必大有收获。另一方面，若他们耳高于眼，且其他各官配合得当的话，也代表他们有不俗的统御才能，官途财运必然亨通。但如果他们耳朵低于眼，为虎欺龙之相，代表青中年难发运且身体有病痛，无耳珠者尤其危险。

观察对手心理的标志——下颚

人们的下颚形态有很大的区别。由于下颚形态不同可影响声音的性质，所以从下颚的不同动作也能看出对方的心理状态，得到其他信息。

突出下颚表示此人具有攻击性行为。

用下颚来指使他人者，所谓"颐指气使"，属于骄傲、傲慢，具有强烈自我主张的表现。

西方人认为把下颚向前伸出，大多表示隐藏在内心的愤怒；东方人则与之相反，此时把下颚往里缩的居多。

用力缩紧下巴是表示畏惧和驯服之意。

抚弄下颚往往是为了掩饰不安、话不投机的尴尬场面。如果与面部积极的表情相配合，也可解释为自得和胸有成竹。

女性手支下颚反映内心需要有人给予安慰。

一切从"头"开始

头是一个人的重要组成部分，情急之下顾"头"不顾"尾"的本能反应也很好地印证了这一点。实际上，大家可以从"头"开始，获得对方各方面的信息。

★ 正方头

此种人追求自由、喜欢运动、不受拘束、性格活泼、精力充沛、勇于探索，尤其喜欢野外运动。他们对理论不太喜欢，很注重实际，因此一旦发言，常常会提出富有建设性的意见。

他们特别能够吃苦，一般人认为难以忍受的东西在他们看来常常是小菜一碟。但另一方面他们不大喜欢读书，常常是头脑简单，思想单纯，不太喜欢思考问题。对他们而言，生存的本领在于实干的精神和充沛的体力。

★ 长方头

一般情况下，这种人绝不会采用武力去达到自己的目的。常常只是用自己的智力去取得成功。因此他们非常适合当外交家、推销员等。

值得注意的是，他们缺乏应有的勇气和行动能力，常常是有这样的计划，没有相应的行动。他们善于挣钱却不善于理财，钱在他们的手里往往换不回更多的钱。

★圆形头

这类人给人留下的往往是一种和蔼、幽默、可亲可敬的印象。在生活上，他们天生喜欢享受，喜欢吃，喜欢睡，所以身体越来越胖。胖的人行动常常比较缓慢，所以又给人一种慵懒的印象。如果女性属此头形，这倒是很令人喜欢的。

他们比较适合从事行政、管理、财会等方面的工作。

★三角头

这种类型的人的头形特征是：前额比较宽且高，下巴比较尖，脸形就像一个倒立三角形。他们的智商很高，喜欢思考问题，善于逻辑推理，爱好读书及绘画、音乐等，足智多谋，具有很强的创造力。由于不愿意到户外活动，所以往往体质较弱，显得无精打采。他们不喜欢体力劳动，而且还比较容易冲动，有拍案而起的气魄。

据研究资料显示，思想家、发明家、文学家、教育家、设计师、评论家等大多是这类型的人。

★残月头

他们喜欢说话，由于言多必失，所以很容易得罪人。这类人的反应很快，但热情退得也快，因此常犯冷热病。这类人很容易冲动。一般来说，喜欢发怒的，往往是这样的人。

★新月头

这种人有很多优点，尤其是很谨慎，不会盲目听信他人的话，很少冲动，一般不会做出鲁莽的事情来，而且往往办事比较果断，理智一般都会战胜情感。无论办什么事情，他们都三思而后行，从来不肯轻举妄动，一旦行动往往会有所收获。古人说："面中凹而机谋深。"

他们的不足之处是很明显的：思维迟钝，行动缓慢，说话吞吞吐吐，做事按部就班。性格上表现很固执，甚至还时常产生幻想，而他们的这些想法几乎是没有什么创造性可言的。

★ 平直头

如果这种人鼻梁再挺一些，那么他们将很有智慧了，他的成功往往会多于失败。如果鼻梁下陷，鼻孔上仰，那么就会给人一种比较愚蠢的印象。研究表明，他们反应比较迟钝，无论做什么事情，成功的机会往往少于失败的可能。他们的一生小有成就，但挫折不断。

★ 凹额头

这类人的额头后仰，眉骨凸出，鼻梁很高，嘴唇后缩，而下巴却显得出奇的长，很像一个典型的"C"。他们思维很敏捷，智商很高，但为人却很谨慎。很注重交际，比较有气魄，善于使用谋略。可以称得上是名副其实的奇才。

他们具有领袖人物的特点，具有很强的组织及领导才能，同时有雄辩之才。常常妙语连珠，让人感觉到他们所特有的魅力。正由于这个原因使得他们常常比较专制，往往固执己见，并且疑虑重重，经常怀疑很多本来用不着怀疑的事情。

不能丢失的身份证——脸

在婴儿时期，我们的脸像未经捏铸的黏土，不知道长大成人后会是什么样子。在我们走过青春，步向成年的人生历程中，我们的行为和态度，便慢慢在我们的脸上烙下印记。有些人笑纹很深，有些人嘴角永远下垂——无论你有什么样的特色，你的脸不但记载下了你的过去，同时还勾勒出了你美好的未来。

★三角脸

三角形脸，又分为正三角形和倒三角形。

通常正三角形脸的人，比较老实、努力；而倒三角形脸的人，则比较狡猾、点子多，虽行动力较强，但耐力不够。从另一个角度看，他们的额头宽、下巴尖。极强的空间透视力是他们最突出的特征之一，而这个特征也使他们成为不动产交易上的奇才。他们知道如何使一幢建筑物增值，因此经常自己动手建屋或翻修。

★圆脸

这种人的脸平滑舒展，没有凸出的脸颊或颚骨来败坏整体的形象。他们为人谦恭有礼，懂得均衡的道理。有时候他们可能退避三舍，不愿意面对那些想利用他们慈悲天性的人。

★方形脸

这类人有一张运动员的脸，坚强、高傲、有决断力，是那种可以做决定，同时不必费多大精力就可以说服他人一起行动的人。他们是好老师、忠心的朋友，他们可能不是世界上最聪明的人，但他们却是事情进步的主要动力。他们的性格刚正不阿、冷静固执，但遇事不善变通。

★椭圆形脸

椭圆形脸被视为天生的美人坯子。如果是一个女人，不需要多少化妆品，便可以把脸孔修饰得完美无瑕！椭圆形脸的男人，通常拥有艺术家的敏感和沉着冷静的个性。无论是男性或女性，都拥有与生俱来的优雅气质。

他们最吸引人的地方，是他们的光彩、魅力和令人愉悦的微笑，但需要提醒的是，椭圆形脸的人好强、性急、精力充沛、善妒善怒，很懂得推销自己，但他们是不折不扣的强硬派。

★瘦长脸

这种脸也称马脸，一般而言，他们和蔼可亲，思想成熟稳健，但很敏感，经常多愁善感。

值得注意的是，他们很容易给自己找烦恼，最好多培养一些爱好或拥有一些信仰，否则时运低落时，就会出现厌倦人世的情绪。

★中字形脸

这种脸形因为颧骨突出，所以也属于菱形的脸。这种人性格坚韧不拔、不屈不挠，是属于"富贵不能淫、贫贱不能移、威武不能屈"的类型。但常常怨天尤人，所以他们要注意交际。

男人有此相，喜欢掌权；女人有此相，则喜欢自由。

★大脸

八面玲珑、人际关系良好、处事圆滑，但生活奢侈、虚荣心强。他们是很好的政治人才，但往往因为无法抵抗外界的诱惑而影响前途。

★小脸

这种人往往遵循传统、保守内向、拘谨胆小、安于现状、不敢有所突破，总在利弊的权衡之间跌来撞去。他们的成功多体现为一种"巧合"式的惊喜，几乎全在意料之外。

★蛋形脸

分为上尖形和下尖形。上尖形的人是脚踏实地、勤奋肯干形的；而下尖形的人，则常爱耍嘴皮子，把话说得天花乱坠，却从不会付诸行动。

★ 水桶形脸

这种脸有点像人们平常所说的鹅蛋脸，额头宽，然后越来越窄，下巴虽小，但不实，是比较浑圆的。

这类人的性格沉稳、头脑灵活、富有创造力，但很自负，经常让人捉摸不定。

★ 肉饼脸

这种脸形的人五官很特别，正面看起来没什么，但侧看非常的扁，像一面墙一样，不过这种脸却是长寿的象征。

此外，一般来说这种人性子很急，很神经质，而且做事经常虎头蛇尾、半途而废。

★ 王字形脸

这种脸形有明显突出的额头、颧骨和下巴，就像个国王一样。

顾名思义，有王字形脸的人，就像国王一样，个性好强、自负，喜欢领导别人，但也容易记恨，容易误人误己，能真正成为王者的人并不多。

★ 不规则形脸

这种脸可以有各种各样的形状：嘴斜、鼻歪、脸歪、大小眼、高低眉的……只要有其中一种，就算属于这种脸形。事实上，每个人的脸仔细用尺来量，多少都有点歪或高低不平，但只要不严重，一般人看不出来，就不算是不规则形。

如果一个人的脸真的歪得很厉害，随便一看就能看出来是歪的，才属于这种不规则的脸。

脸形不规则的人，代表他的脊柱不正，脚骨长短也不同。研究表明：这种人脾气时好时坏，变化无常。

第 3 章

顺着声音潜入内心

　　"闻其声，知其人。"在说话过程中，人的内心感受直接影响声音。另一方面，声音的大小、韵律、语速、语气等也是内心活动的一种外在体现。

语速、语调都能透视人心

语速传递着人的心理

人是最高级的动物，人和动物相区别的主要特征之一就是人有自己的语言。语言是一套音义结合的复杂系统，是一个特别的装置。人在说话时，不是动物的怒吼，不是一种本能的释放，而是思想交流的工具，同时也是心理、感情和态度的流露。其中，语速的快慢、缓急直接体现出说话者的心理状态。

一个人说话的语速可以反映出他的心理健康程度。一个心理健康、感情丰富的人，在不同的环境下会表现出不同的语速。譬如，面对一篇富有战斗力的激情散文时，会加快语速，借以抒发一种战斗的激情；而面对一篇优美抒情的散文时，又会用一种悠扬、舒缓的语气来表达心里的那种美感。

在平时的生活、工作中，每个人也都有自己特定的说话方式、语言速度。有的人天生属于慢性子，说话慢慢吞吞，不急不慢，任凭再急的事情，他也照样雷打不动地用他那种独有的语速来叙述给别人听；有的人天生就是个急性子，说话就像打机关枪，一阵儿紧似一阵儿，容不得旁人有插嘴的机会。大多数人介于二者中间，说话的时候语速属于中速。这些是每个人长期以来形成的性格特征，客观固有的，而且长期存在。

通常而言，说话语速较慢的人比较憨厚老实，性格内向，可能会有点木讷；而说话飞快的人，比较精明，热情外向，偏向于张扬的性格。

在现实工作中，我们可以更微妙地领略语速中透露出的各种人的丰富的心理变化。我们可以根据一个人说话时的语速快慢，判断出他当时的心理状态。如果一个平时伶牙俐齿、口若悬河的人，当他面对某个人时，却突然变得吞吞吐吐、反应迟钝。这时候，一定是他有些事情瞒着对方，或者做错了什么事情，心虚、底气不足。

当然，也有一些特例。例如，一位男士暗恋着一个女孩，他在别人面前都能够谈笑自如、幽默风趣，保持着平常的语速。可是，一旦面对那个他喜欢的女生，马上就变得不知所措，不知道要说什么，说起话来也仿佛嘴里有什么东西，含含糊糊，一点都不连贯流畅。这样的信号就给我们以暗示：他喜欢她。

我们经常看到这样的情况，一位平常说话慢慢悠悠、不着不急的人，面对一些人对他说出不利的话的时候，如果他用快于平常的语速大声地进行反驳，那么很可能这些话都是对他的无端诽谤；如果他支支吾吾、吞吞吐吐，半天说不出话来，那么很可能这些指责就是事实，他自己心虚、中气不足。当一个平时说话语速很快的人，或者说话语速一般的人，突然放慢语速，就一定是在强调什么东西，想吸引他人的注意。

辩论赛的时候，每个辩手都保持着尽可能快的语速，尽可能快速且流畅地表达自己的观点。如果能够在语速上胜对手一筹，不仅可以杀杀对方的锐气，也是增加信心的砝码。然而，当有些人在面对别人伶俐的口舌、独到的见解、逼人的语势时，或沉默不语，或支吾其词，一副笨嘴拙舌、口讷语迟的样子，很可能是这个人产生了卑怯心理，对自己没有信心，又或者被对方说中了要害，一时难以反驳。出现此类窘境，不仅有碍自身能力的发挥，也增长了对方的气焰。

语速可以很微妙地反映出一个人说话时的心理状况，留意他的语速变化，你就留意到了对方的内心变化。

透过声调探知人心

"声音"会给对方留下深刻的第一印象。有些人的声音轻缓柔和，有些人的声音沉重稳重，人们往往根据声音所获得的印象去识人。

声音的确会表现性格、人品，有时也是预测个人前途的线索。从脸部表情、动作、言词无法掌握心态时，往往可以从声调去揣摩对方的喜怒哀乐等情绪变化。

★高亢尖锐的声音

发出这种声音的女性情绪起伏不定，对人的好恶感也非常明显。这种人一旦执着于某一件事时，往往顾不得其他。不过，一般情况下也会因一点儿小事而伤感情或勃然大怒。这种人会轻易说出与过去完全矛盾的话，且不引以为戒。

声音高亢者一般较神经质，对环境有强烈的反应，如房间变更或换张床就会睡不着觉。富有创意与幻想力，美感极佳而不服输，讨厌向人低头，说起话来滔滔不绝，常向他人灌输己见。面对这种人不要给予反驳，表现谦虚的态度即可使其深感满足。

男性中发出高亢尖锐声音者，个性狂热，容易兴奋也容易疲倦。这种人对女性会一见钟情或贸然地表白自己的心意，往往会使对方大吃一惊。

高亢声音的男性从年轻时代开始即擅长发挥个性而掌握成功之道，这也是其特征之一。

★温和沉稳的声音

音质柔和声调低的女性多是内向性格，她们随时顾及周围的情况而控制自己的感情，同时也渴望表达自己的观念，因而应尽量让其抒发感情。

这种人富有同情心，不会坐视受困者于不顾，属于慢条斯理型。一天中，上午往往有气无力，下午变得活泼也是其特征。

男性带有温和沉着声音者乍看上去显得老实，其实有其顽固的一面，他们往往固执己见绝不妥协，不会讨好别人，也绝不受别人意见的影响。

作为会谈的对象，这种人刚开始难以交往，但他们却是忠实牢靠的人。

★沙哑声

女性发出沙哑声往往较具个性，即使外表显得柔弱也具有强烈的性格。虽然她们对待任何人都亲切有礼，却难以暴露自己的真心，给人难以捉摸之感。她们虽然可能与同性间意见不合，甚至受人排挤，却容易获得异性的欢迎。她们对服装的品位很高，也往往具有音乐、绘画的才能。面对这种类型的人，必须注意不要强迫灌输自己的观念。

男性带有沙哑声者，往往是耐力十足又富有行动力的人，即使一般人裹足不前的事，他也会铆足劲儿往前冲。他们的缺点是容易自以为是，对一些看似不重要的事掉以轻心。

具有这种声质者，会凭着个人的力量拓展势力，在公司团体里率先领头引导他人，越失败越会燃起斗志，全力以赴。这种声质者中屡见成功的有政治家、文学家、评论家等。

★粗而沉的声音

发出沉重的、有如自腹腔而发出声音的人，不论男女都具有乐善好施、喜爱当领导者的特性。喜好四处活动而不愿静候家中，随着年纪的增长，体型可能也会变得肥胖。

女性有这种声音者在同性中人缘较好，容易受到别人的信赖，成为大家讨教主意的对象，这种人是最好相处的。

有这种声音的男性通常会开拓政治家或实业家的生涯，不过其感情脆弱又富强烈正义感，争吵或毅然决然的举止会使其日后懊悔不已。这种人还比较容易冲动地购买高价商品。

这种类型的人不论男女均交友广泛，能和各种类型的人往来。

★娇滴滴而黏腻的声音

女性发出带点鼻音而黏腻的声音，通常是非常渴望受到大众喜爱的人，这种人往往心浮气躁。有时由于太过希望引起别人好感反而招人厌恶。

如果是单亲家庭的孩子，则表明内心期待着年长者温柔的对待。

男性若发出这样的声音，多半是独生子或在百般呵护下长大的孩子。这种人独处时感到特别寂寞，碰到必须自己判定事物时会感到迷惘而不知所措。他们对待女性非常含蓄，绝不会主动发起攻势。若是一对一地和女性谈话时会特别紧张，因此这种人在别人眼中显得优柔寡断。

透过韵律洞察人心

在言谈中，除了音感和音调之外，语言本身的韵律也是重要的因素。

充满自信的人，谈话的韵律定为肯定语气；缺乏自信的人或性格软弱的人，讲话的韵律则犹豫不决。其中，也会有人在讲一半话之后说："不要告诉别人……"此种情况多半是秘密谈论他人闲话或缺点，但内心又希望传遍天下的情形。

话题冗长、相当时间才能告一段落的情况，也说明谈论者心中必潜藏着唯恐被打断话题的不安。唯有这种人，才会以盛气凌人的方式谈个不休。至于希望尽快结束话题交谈的人，也有害怕受到反驳的心理，所以试图给予对方没有结果的错觉。

另外，经常滔滔不绝说个不停的人，一方面目中无人，另一方面喜欢表现自己。并且，这种类型的人，一般性格外向。

一个成功的政治家和企业家，在掌握言谈的韵律方面，都有独到之处。这种细节性的处理方式，使他赢得了社会或下属的认可与尊重。

说话比较缓慢的人，大都性格沉稳，他处事做人是通常所说的慢性子。从言谈的韵律上可以了解一个人的性格特征。

透过声音大小探测人心

声音的大小和个人的性格有着紧密的联系，喜欢大声怒吼的人通常支配欲强，此类人喜欢单方面贯彻自己的意志，以自我为中心。

可以说，用大嗓门喋喋不休地讲话的人，是外向性格的人。似乎为了使对方听懂他的话，所以说话的声调甚为明快，这表示"他希望别人充分理解他"的思想，这也是比任何人都重视人际关系、擅长社交的外向型人的特性。尤其是他的想法被对方所接受，达到情投意合的境地时，他的声音就会变得更大，而且声调里充满了自信。那些能够断然下定论的人，通常都是外向型人中支配欲最强烈的人，这种人说话时往往会强迫别人接受他的想法。因为他能够把自己的想法率直地吐露出来，所以这类人可以称之为正直的人。不过，美中不足的是，他很容易成为本位主义者。话虽如此，但是作为当事人，他还一直认为自己是在为对方设想呢？

与说话声音大的人不同的是声音小者，他们多半是性格极为内向的人，往往在说话时压抑自己的感情，话不说到一定的份上，他们一般不会把内心的想法和盘托出。这种人尽管喜欢滔滔不绝地说，却多半是徒劳无功，说出来的话没有什么影响力。

说话方式彰显个性

爱发牢骚者苛求完美

人说话的目的不仅仅是把想表达的意思传达给对方，更主要的是为了让对方接受——更好地、更愉快地接受。为了达到这样的目的和效果，在说话的时候就要注意自己的语态，所以从一个人说话的语态上也可以反映出一个人的性格。

在说话中善于使用恭维崇敬用语的人，多为比较圆滑和世故之人，他们对别人有很好的观察力，往往能够感觉到他人的心情，然后投其所好。这一类型的人随机应变，适应力很强，性格弹性比较大，与大多数人都能够保持很好的关系。在为人处世方面多能如鱼得水，左右逢源。

在说话中善于使用礼貌用语的人，一般都是有一定的学识和文化修养，能够给予别人足够的尊重和体谅，心胸比较开阔，有一定的包容力。

说话非常简洁的人，性格多豪爽、开朗、大方，行事相当干练和果断，凡事说到做到，拿得起放得下，从来不犹犹豫豫、拖泥带水，非常有魅力，具有开拓精神，有敢为天下先的胆量。

说话拖泥带水、废话连篇的人，多比较软弱，责任心不强，遇事易推脱逃避，胆子比较小，心胸也不够开阔，唠唠叨叨，整天在一些鸡毛蒜皮的小事上纠缠不清。虽然对现实的状况有许多不满，但缺乏开拓进取精神，并不会寻求改变，只是在等待，容易嫉妒他人。

说话习惯用方言的人，感情丰富又特别重感情。他们的适应能力并不是特别强，与其他环境的融合往往需要很长的一段时间。这一类型的人，自信心比较强，有一定的魄力和胆量，很容易获得成功。

在说话的时候，总是不断发牢骚的人，大多是好逸恶劳、贪图享受的人。他们虽然想改变自己的处境，却只是安于现状，坐享其成，而不付诸实际行动。一遇到挫折和困难就逃避退缩，把原因都归结到外界的因素上。他们对别人的要求总是相当严格的，却从不同样地要求自己。他们自私自利，缺乏宽容别人的气度，很少设身处地为别人着想，总期望得到更多的回报。

奇思妙语者智慧过人

智慧过人的奇思妙语者机智风趣、谈吐幽默，灵感的火花常常在一词半句中迸发。他们不论走到哪儿，都能给人们带来欢声笑语，带来欢乐和愉快。

司马昭是东晋元帝的大儿子，从小就很聪明。九岁时，有位官员从长安来京都。谈笑间，那位官员随口问司马昭："你说太阳和长安哪个离我们近呢？"

司马昭回答说："当然是长安离我们近。"

"为什么这样说呢？"元帝插嘴问道。

"常听人们说有人从长安来京城，却没听说有人从太阳那儿来，所以肯定长安近呗。"司马昭机智地回答。

在一次宴会上，晋元帝想炫耀儿子的聪明，便让司马昭当着众臣的面讲讲太阳和长安谁离京城近。

不料，司马昭却随口回答："太阳离我们近。"

元帝一听，很是失望地说："你这个小家伙，为什么和上次说的不一样呢？"

司马昭笑嘻嘻地说："我们只要一抬头就能看见太阳，可是怎么也不能一眼就看见长安啊！所以说太阳离我们近。"他的奇思妙语赢得大臣们的一片喝彩声。

奇思妙语者，大多反应迅速。这种人头脑聪明，能观察到事件的根源，有临场化解危机的本能。

阿谀奉承者善拍马屁

怎样识别阿谀奉承者的性格？有三种途径：动作、语言、神色，即他们办事的方式和风格，说话使用的言辞，浑身上下显露出来的神情。唯唯诺诺的小人走路的架势和姿势都要学老板的样子，说话时的用词和口气也与老板相似，甚至连腔调也会模仿得和老板一样。

就像铁屑被磁铁吸引，唯唯诺诺者、马屁精、阿谀奉承者，都以领导为靠山。如果将磁场关闭，这类喜欢奉承拍马的人就会像一堆没有生命的木偶一样散落在地，完全散了架子，显得十分愚蠢可笑。

对于这样的人和事，正人君子是不屑一顾的。古人对此有这样的说法：与地位高的人交往不阿谀奉承，可谓悟到了交友的关键。那些花言巧语、察言观色的人，则被认为是不讲仁义的小人。

虽然人们对奉承拍马的人鄙视冷淡，然而他们总难绝迹，为什么呢？因为那些自身难保的领导需要他们，那些功成名就的老板的虚荣心需要这些人用奉承话来满足。

奉承拍马者奉承的目的是为了迫不及待地爬上高位。有朝一日大权在握，他们又会培植出更多的谄媚小人，这些人又会引来更多的阿谀奉承者，最后发展成整个部门沆瀣一气，办事说话都是一个腔调，甚至气味也一模一样。结果，整个企业标价出售，或者破产关门，变成不务正业的败家子。

其实，在一些精明强干的上司心中，那些奉承拍马者还是很悲哀的。这些人已经无法摆脱奉承拍马的习惯，也就是事事总先想到老板在想些什么，在此之后又吃不准自己到底在想什么，甚至不知道自己有没有想法。在会议上，他们总望着老板，弄清楚老板要说什么，他们就说什么，他们总是会把老板的话用自己的嘴说出来。结果，老板得到了报答、光彩和利益，而奉承拍马者却招来同事的冷眼和鄙视。

奉承拍马在程度上有轻重之别，并不都像敬佩和崇拜那样单纯，许多人是在不自觉的情况下充当了对领导者唯命是从的角色，而有些人则是非常自觉的，他们这样做的原因是：保住工作饭碗，背靠大树好乘凉，有人当靠山总是比较保险；掩盖真实意图，如暗中打算跳槽，不让别人知道；缓和紧张气氛，何苦兴风作浪，待人和气为好；着眼个人前途，赢得上司好感，有利于个人发展。

奉承拍马的行家中，有着一整套经过仔细盘算而培养起来的见风使舵的本领，有着处心积虑策划出来的一系列随机应变的手段。自然，一个人绝不会讨得每个人的欢心。尽管如此，阿谀奉承者仍能在一个企业里受到重视，保住他们既得的地位。

从幽默识别对方的性情

★善用幽默打破僵局的人

用幽默来打破僵局，这种人多随机应变，能力比较强，反应快。因自己出色的表现，他们可能会成为受人关注的对象，这正好迎合了他们的心理。他们希望能够吸引别人的注意和认可，大多具有强烈的表现欲望。

★常常用幽默的方式来挖苦别人的人

常常用幽默的方式挖苦他人的人，大多心胸比较狭窄，有强烈的嫉妒心理，有时甚至做一些落井下石的事情。他们有比较强的自卑心理，生活态度较消极，常常进行自我否定。他们最擅长挑剔和嘲讽他人，整天算计别人，自己却从未真正地开心过。

★善于说自嘲式幽默的人

善于说自嘲式幽默的人，首先必须具有一定的勇气，敢于进行自我嘲讽，这不是一般人能够做到的。他们的心胸多比较宽阔，能够接受别人的意见和建议，而且能够时常反省自己，进行自我批评，寻找自身的错误，进行改正。他们这种气质，让别人看在眼里，很容易产生一股钦佩之情，从而为自己带来良好的人际关系。

★用幽默的方式嘲笑、讽刺他人

用幽默的方式嘲笑、挖苦他人的人，带给人们的第一印象往往是机智、风趣，对任何事物都有细致入微的了解，能够体谅和关心他人，实际上却是相当自私的，他们在乎的可能只是自己。他们在为人处世方面总是谨小慎微，凡事都要比别人快一步。他们疾恶如仇，有谁伤害过自己，一定会想方设法让对方付出代价。有比较强的嫉妒心理，当别人取得了成就的时候，会进行故意的贬低。

★喜欢制造一些恶作剧似的幽默的人

喜欢制造一些恶作剧似的幽默的人多热情大方、活泼开朗，活得很轻松，即使有压力，也会自己想办法减压。他们比较顽皮，爱和人开玩笑，并在这个过程中进行自我愉悦，同时也希望能够将这份快乐带给他人。

口头禅背后隐藏着人的本性

从口头语言可以非常快速地了解你的对手，因为口头语言是说话习惯的一部分，它是我们每个人在日常生活中不知不觉就形成的一种特有的话语风格。从另一个角度来看，口头语言带有很深的性格印记。

通常，经常连续使用"果然"的人，多自以为是，强调个人主张。他们经常以自己为中心，很少考虑他人的想法。

经常使用"其实"的人，表现欲较为强烈，希望能引起他人的注意。他们的性格大多比较任性和倔强，并且多少有点自负。

经常使用流行词汇的人，热衷于随大流，喜欢夸张。这样的人独立意识不强，而且没有自己的主见。

经常使用外来语言和外语的人，虚荣心强，爱卖弄和夸耀自己。

经常使用地方方言，并且还底气十足、理直气壮的人，自信心很强，富有独特的个性。

经常使用"这个……""那个……""啊……"的人，说话办事都比较谨慎小心。这样的人就是我们所说的好好先生，他们绝对不会到处惹是生非。

经常使用"最后怎么样怎么样"之类词汇的人，大多是潜在欲望没有得到满足。

经常使用"确实如此"的人，多浅薄无知，自己却浑然不知，还常常自以为是。

经常使用"我……"之类词汇的人，不是代表着软弱无能、总想求助于别人，就是虚荣浮夸，寻找各种机会表现自己，以引起他人的注意。

经常使用"真的"之类强调词汇的人，大多缺乏自信，害怕自己所说的话无人相信。遗憾的是，他们这样再三强调，反而让人更加起疑。

经常使用"你应该……""你必须……"等命令式词语的人，多为专制、固执、骄横，有强烈的领导欲望。

经常使用"我个人的想法是……""是不是……""能不能……"之类词汇的人，一般较和蔼亲切，待人接物时，也能做到客观理智，冷静地思考，认真地分析，然后做出正确的判断和决定。不独断专行，能够给予别人足够的尊重，同样也会得到别人的尊重和爱戴。

经常使用"我要……""我想……""我不知道……"的人，这种人大多思想单纯，爱意气用事，情绪不是十分稳定，让人揣摩不透。

经常使用"绝对"这个词语的人，做事十分草率，容易主观臆断，他们不是太缺乏自知之明，就是自知之明太强烈了。

经常使用"我早就知道了"的人，有强烈的自我表现欲望，只能自己是主角，自己发挥。这样的人绝对不可能静下心来仔细倾听他人的谈话内容，更不要指望他能成为一个热心的听众。

另外，口头语出现频率极高的人，大多办事不干练，意志不够坚强。有些人说话时没有口头语，这并不代表他们从未有过，可能以前有，但后来逐渐改掉了，这表现出一个人意志坚强，说话讲究简洁、流畅。

如果你想从口头语上更多地观察你的对手，从而自如地驾驭你的对手，那么你就要在与对手打交道的过程中花费心血，仔细认真地揣摩，时时刻刻地回味分析。用不了多长时间，你就能迅速地从口头语上了解你的对手。最为重要的是，每一次了解的过程都是为了"一眼就能看透"对方。

说话内容表露心声

通过话题洞察对方

言语是情感的表达，是思想外化的直接表现形式。在大部分时间里，借助语言的力量，人们才得以把自己内心的见解和心理活动表达出来。

① 有些人的话题太偏重自己、家庭或职业等事情，这是一种自我意识的倾向，他属于一个自我中心主义者。

② 有些人非常愿意打听对方的秘密，这是刻意弄清对方的缺点，希望能进一步掌握对方的意思。

③ 有些人对于他人的消息、传闻特别感兴趣，这种人很难获得真正的友谊，所以他的内心非常孤独。

④ 有些人愤愤不平地埋怨待遇低微，其实待遇低微只是借口而已，他们内心的真正动机是他们对自身工作并不满意。

⑤ 有些人不断谴责自己领导的过错或无能，事实上是说他自己想要出人头地的意思。

⑥ 有些人借着开玩笑，常常破口大骂，或者指桑骂槐，这是有意将积压内心的欲求不满设法爆发出来的一种做法。

⑦喜欢在年轻人或部属面前自吹自擂的人，乃是不能适应职位，或者赶不上时代潮流。

⑧有人完全忽视别人的谈话，并故意扯出与主题毫不相干的话题，这种人怀有强烈的支配欲与自我显示欲。

⑨有人一直谈论会场的话题，而不喜欢他人来插话，这表示他厌烦屈居在他人的掌握之下。

⑩有人把话题扯得很离谱或者不断改变话题，这说明他的思维不够集中，逻辑思维能力较差。

⑪有人不愿抛出自己的话题，反而努力讨论对方的话题，这种人怀有宽容的精神，而且颇能为对方着想，为人处世具有大家风范。

九种言谈各有千秋

一母生九子，九子各不同。人与人之间有着很大的差别，由此产生了九种不同的性情，它们可能妨碍我们对人的理解。

★夸夸其谈的人

这种人侃侃而谈，宏阔高远却又粗枝大叶，不太会处理细节问题，琐屑小事从不挂在心上。这种人的优点是考虑问题宏博广远，善从宏观、整体上把握事物，大局观良好，往往在侃侃而谈中产生奇思妙想，发前人之所未发，富于创见和启迪性；缺点是理论缺乏系统性和条理性，论述问题不能细致深入，由于不拘小节可能会错过一些重要的细节，给后来的灾祸埋下隐患。这种人也不太谦虚，知识、阅历、经验都广博，但都不深厚，属于博而不精的一类人。

★义正言直的人

这种人言辞之间体现出义正言直、不屈不挠的精神，公正无私，原则性强，是非分明，立场坚定。缺点就是处理问题不善变通，为原则所驱而显得非常固执。但能主持公道，往往得人尊崇，不苟言笑让人敬畏。

★抓住弱点攻击对方的人

这种人言词锋锐，抓住对方弱点就猛烈反击，不给对方回旋的余地。他们分析问题透彻，看问题往往一针见血，甚至有些尖刻。由于致力于寻找、攻击对方的弱点，有可能忽略了从总体、宏观上把握问题的实质与关键，甚至舍本逐末，陷入偏执与死胡同中不能自拔。在用人时，应考虑他在"大事不糊涂"方面有几成火候，如果大局观良好，就是难得的粗中有细的优秀人才。

★速度快、辞令丰富的人

这种人知识丰富，言辞激烈而尖锐，对人情世故理解得十分深刻，但由于人情世故的复杂性，又可能形成条理层次模糊混沌的思想。这种人做事只会做力所能及的事情，完全可以让人放心，一旦超出能力范围，就显得慌乱、无所适从。接受新生事物的能力强，反应也特别快。

★似乎什么都懂的人

这种人知识面宽，随意漫谈也能旁征博引，各门各类都可指点一二，显得知识渊博，学问高深。缺点是脑子里装的东西太多，系统性差，逻辑思维能力不强，深度不够，一旦面对问题就可能抓不住要领。这种人做事往往能想出几个主意，但都打不到点子上去。如果能增强分析问题的深刻性，做到驳杂而精深，直接把握实质，就会成为优秀的、博而精的全才。

★满口新名词、新理论的人

他们接受新生事物很快，遇到新鲜言辞就能在日常生活中运用，而且有跃跃欲试、不吐不快的冲动。缺点是没有主见，不能独立面对困难并解决，易反复不定，左右徘徊，比较软弱。如果能沉下心来认真研究问题，锻炼意志，无疑会成为业务高手。

★ **说话平缓的人**

这种人性格宏广优雅，为人宽厚仁慈。缺点是反应不够敏捷果断，转念不快，属于细心思考、长考型人才，有恪守传统、思想保守的倾向。如果能加强果断勇敢之气，对新生事物持公正而非排斥态度，会变得从容平和，具有长者风范。

★ **讲话温柔的人**

这种人善良温和，性格柔弱，不争强好胜，权力欲望平淡，与世无争，不轻易得罪人。缺点是意志软弱，胆小怕事，雄气不够，畏惧麻烦，对人事采取逃避态度。如果能磨炼胆量，知难而进，勇敢果决而不犹豫退缩，会成为一个外在宽厚、内存刚强的刚柔相济的人物。

★ **喜欢标新立异的人**

这种人独立思维好，好奇心强，敢于向权威说不，勇于向传统挑战，开拓性强。缺点是不能冷静思考，易失于偏激，不被别人理解，成为孤独英雄。不过，可以利用他们的异想天开式的奇思妙想做一些有开创性的事。

言辞过恭须怀戒心

任何人际交往都是在交际双方所结成的心理距离中进行，适当的心理距离是人际交往成功的一个必要条件，而语言可以拉近或推远相互之间的心理距离。要想拥有圆满顺利的社会生活，有分寸地使用恭敬的语言是很重要的。这类语言要根据时间、场合、目的微妙地表达，均衡地加以运用。俗话说"过犹不及"，如果言辞过恭反而显得肤浅。

适度的礼貌，是维系良好人际关系的方法之一。人与人之间的礼貌，有一定的形式、程式和措辞，人人都必须遵循。法国作家拉伯雷勇说过："外表态度上的礼节，只要稍具有知识即能充分做到；而若是想表现出内在的道德品行，则必须具备更多的气质。"那么，从言辞到行动总是恭恭敬敬的人，也许可以说是气质上的欠缺。

这些人在与人交往的时候，一般总是低声下气，始终用恭敬的语言、赞美的口气说话。初交时，对方也许会有不好意思的感觉，但绝不会对这些人产生厌恶。然而，随着交往的日益深入，他人便会逐渐察觉这种人的态度，而且会气恼不已。这时对他的评价，大多变为："那家伙原来是个口是心非、表面恭敬的人！"

这种人幼儿期一定受到过双亲严厉、错误的教育，尤其在关于礼节方面。因此，那些在一般人看来是可容许的欲望，却不为他们的良心所许可，导致他们产生了恐惧、罪恶和不安等感觉。于是，他们便将种种欲望、冲动和情绪全压抑在内心深处，死死禁锢着。但是，被压抑的欲望、冲动和情绪越积越多，总有一天会形成强大的攻击冲动发泄出来。他们直觉地觉察到这一点，为求掩饰起见，便启动反作用的心理防卫机制——对人更加恭敬。这等于说，这类以令人难以忍受的过分谦恭的态度对待别人的人，内心深处往往郁积着对别人的强烈攻击欲。

日本语言学家桦岛忠夫说："敬语显示出人际关系的亲疏、身份、势力，一旦使用不当或错误，便扰乱了应有的彼此关系。"在某种无关紧要或特别熟悉的人际关系中，我们根本没有必要使用恭敬语。不过，在很亲密的人际关系群中，碰见有人突然使用恭敬语对你说话，那就得小心了。

如果在交谈中常常无意识地使用敬语，就说明与对方心理距离很大；过分地使用敬语，就表示有激烈的嫉妒、敌意、轻蔑和戒心。所以，当一个女人对男人说话时，若使用过多的敬语，绝对不是表示对他的尊敬，反而是表示："我对他一点儿意思也没有"，或是"我根本就不想和这类男人接近"等强烈的排斥反应。

有些人虽然已经交往很久，对彼此的了解也很深刻，但对方依然在运用客气的言辞，说话的语气也十分谨慎。在这种情况下，对方如果不是在心理上怀有冲突与苦闷，就是在心中怀有敌意。反之，有人故意使用谦逊与客气的言语，因为他们企图利用这种方式和态度闯进对方心里，突破对方心中的警戒线。实际上，他们的真正动机在于掌握对方，实现居高临下的愿望。

说话时的动作泄漏天机

笑不仅有声还有形

笑，对于每一个人来说都会，并且我们不时在笑着。但是，你知道吗？笑的方式与其性格也有着一些必然的联系。

★ 捧腹大笑的人

捧腹大笑的人多为心胸开阔。当别人取得成就以后，他们只会真心的祝愿，而很少产生嫉妒的心理；在他人犯了错以后，他们也会给予最大限度的宽容和理解。他们富有幽默感，总是能够让周围的人感受到他们所带来的快乐，同时还极富有爱心和同情心，在自己能力许可范围内，对他人会给予适当的帮助。他们不势利、不嫌贫爱富、不欺软怕硬，属于比较正直的人。

★ 时常悄悄微笑的人

这类人除了性格比较内向、害羞以外，还有一种特征就是他们的心思非常缜密，而且头脑异常冷静。无论什么时候都能让自己跳出所在的圈子，作为一个局外人来冷眼看待事情的发生、进展情况，更有利于自己做出各种决定。他们很善于隐藏自己，绝对不会轻易将内心真实的主意告诉别人。

★ **狂声大笑的人**

平时看起来沉默少语，而且显得有些木讷，但笑起来却一发不可收拾，或者经常放声狂笑，直到连站都站不稳了。这样的人是最适合做朋友的，他们虽然在与陌生人的交往中表现得不够热情和亲切，甚至有些让人难以接近，但一旦与人真正交往，就会十分注重友情，并且在某些时候，能够为朋友做出牺牲。基于这一点，有很多人乐于与他们交往，他们自己也会营造出比较不错的社会人际关系。

★ **笑得全身打晃的人**

笑的幅度非常大，全身都在打晃，这样的人性格多较直率和真诚。和他们做朋友是不错的选择，因为当朋友有了错误和缺点以后，他们往往能够直言不讳地指出来，不会为了不得罪人而视而不见。他们不吝啬，在自己能力许可范围内，对他人的需要总是会尽最大的努力帮忙。反之，当他们自己遇到困难的时候，也会得到别人的关心和帮助。他们会使大家喜欢自己，能够营造出很好的社会人际关系。

★ **小心翼翼偷笑的人**

他们大多是内向型的人，性格中传统、保守的成分占据很大部分，与此同时，他们在为人处世时又会显得有些腼腆。但是，他们对他人的要求往往很高，如果达不到要求，常常会影响到自己的心情。不过，他们和朋友却是可以患难与共的。

★ **看到别人笑，自己也会随之笑起来的人**

这样的人多是快乐、开朗的，情绪因为事情的变化而变化，而且富有一定的同情心。他们对生活的态度是很积极的。

★ **笑的时候用双手遮住嘴巴的人**

表明这是一个相当害羞的人，他们的性格大多比较内向，而且比较温柔。他们一般不会轻易地向别人展露自己内心的真实想法，包括亲朋好友。

★ 开怀大笑的人

这类人多是坦率、真诚又热情的。他们是行动派的人，一件事情决定要做，马上就会付诸行动，非常果断和迅速，绝对不会拖拖拉拉。这一类型的人，虽然表面上看起来很坚强，但他们的内心在一定程度上是非常脆弱的。

★ 笑起来断断续续的人

这类人的笑声让人听起来很不舒服，其性情大多是比较冷漠和孤独的。他们比较现实和实际，自己轻易不会付出什么。他们的观察力在很多时候是相当敏感的，能观察到别人心里在想些什么，然后投其所好，伺机行事。

★ 笑出眼泪的人

这是由于笑的幅度太大导致的。经常出现这种情况的人，他们的感情多是相当丰富的，具有爱心和同情心，生活态度积极乐观、健康向上。他们有一定的进取心和取胜欲望，喜欢帮助别人，即使适当地牺牲一些自我利益，从来不求回报。

说话不停点头和摇头的人

有一种人在跟别人说话时会不停地点头，好像很明白、很认同他人的看法。其实，这种人是处事轻率大意之人，他们看似什么事都能一力承担，但承诺了却往往做不到。这一方面是由于他不认真去做，另一方面也表现出他的被动性很强，有时并不是他不想做好，而是他不敢否定或惯性地认同对方，但事后又觉得很不合自己的做事方式，便会出现一个很差的结果。

有一种人说话时不停摇头，显然是体现出他对别人不尊重，这种人可说是心高气傲，对自己自视过高，却轻视别人。因此如遇着了这类对手，你便不要寄予太大希望了，除非你比他更加骄傲。这类人有朝一日遇到了挫折，很容易一跌不起，因为消极和悲观的情绪必会占据他整个人。

交谈时不断摸头发的人

如果交谈的人在与别人面对面坐着或站着时，总喜欢不时地摸一摸头发，好像在引起别人对他发型的兴趣。其实不然，因为这种人就是一个人独自在家看电视，也会每隔三五分钟"检查"一下头发上是否沾上了什么不好的东西。

他们大都性格鲜明，个性突出，爱憎分明，尤其疾恶如仇。假如公共汽车上有小偷，而乘客都是这种人的话，那个小偷一定会被当场打个半死。他们一般很善于思考，做事细致，但大多缺乏一种对家庭的责任感。

他们对生活的喜悦来源于追求事业的过程，并不在乎事情的结局。他们在某件事情失败后总是说："我问心无愧，因为我去做了。"

一边说话一边打手势的人

这种人与人谈话时，只要嘴一动，一定会有一个手部动作，摊双手、摆动手、相互拍打掌心等，好像是对别人说话内容的强调。他们做事果断、自信心强，习惯于把自己在任何场合都塑造成一个领导型人物，有一种男子汉的气派，性格大都属于外向型。这类人去演讲一定会极尽煽动人心之能事，他们良好的口才时常让你不信也会信。他们与异性在一起时表现得尤其兴奋，总是极欲向人展示他"护花使者"的身份。

这类人对朋友相当真诚，但他们不轻易把别人当成自己的知己。踏实肯干的性格使他们的事业大都小有成就。

说话时紧盯对方的人

有些人在与他人谈话时目不转睛地看着别人。在聚会上，这种人也常常盯住一个人不放，但并不是他看上了这个人。

这种人的支配欲望很强，而大多时候他们确实又有某种优势，因此只要有机会，他们就会向别人表现自己。而且，他们占不到天时地利就一定能占到"人和"。他们的行为时常看起来像花花公子（很多时候是事实），但有一点值得大家肯定，他们选定了人生的目标就一定会去努力实现。

这种人不喜欢受束缚，经常我行我素。另一方面，他们比较慷慨，因此他们周围总是有一些相干及不相干的人。自然，有真心的，也有看中"酒肉"的。

说话习惯揭示心灵密码

常说错话者表里不一

生活中，你有没有在无意识中说出奇怪的话的经历？心理学家弗洛伊德认为，说错、听错，或者是写错等"错误行为"，都是将内心真正的愿望表现出来的行为。

一般情况下，说错话的一方都会找出自己是"不小心""不是真心的"等借口，但实际上，那不小心说错的话，其实才是他真正想说的。这些在人们的日常生活中，可以说是屡见不鲜。

由此可见，那些常常会说错话的人，可以推断为大部分是习惯性地隐藏了真正的自己，是个表里不一的人。而且，心中很强烈地禁止自己把这些真心话说出来。

"这件事绝不能讲出来""这事绝不能弄错，非小心不可"，当你越这么想的时候，便越容易将它说出来。相信很多人在日常生活中，也会遇到类似的情形吧！越是被禁止的东西，越去压抑它，就越容易流露出来。

总之，暗藏在大家心中的许多事情，当你越想要去隐瞒它、掩盖它的时候，就越容易说错话或做错事，无意之间让心虚表露无遗。

得理不饶人者偏爱辩论

喜欢辩论的人时常都是气势凌人、得理不饶人，在辩论中总想把对方打倒，叫人永远不能翻身。这种人总认为真理掌握在自己手里，只要对方偃旗息鼓，自己就算胜利了，因此他们与别人讲话，用不了多久就会发生争执，辩论成为他们与别人谈话的主要方式。

从本质上看，这样的人其实是个弱者。他们把大好时光都花费在无聊的辩论上，把很多时间都用在胜败的较量上，哪里还有时间去做更有意义的事呢？他们从争辩的胜利中得到了什么呢？其实什么也没有得到。对方无法得到快乐，而他们自己也同样得不到快乐。

这样的人易于冲动，表里不一，对事物的发展方向无法把握，因此他们虽然不怕困难，艰苦奋斗，但是很难取得成功。因为他们偏爱辩论，所以树敌也颇多。事业难以成功，人际关系恶化，他们心里充满害怕和孤寂，为了掩饰这种弱势，常以高声辩论来掩饰内心的懦弱。

通过打招呼时的习惯用语观察他人

美国路易斯维尔大学心理学家斯坦利·弗拉杰博士声称，从一个人打招呼时的习惯用语中，可以看出一个人隐藏的很多东西。其实，能揭示性格的习惯用语，是指与刚刚结识的友人打招呼的习惯用语，每一种习惯用语，都表现了说话者的性格特征。

★你好！

这样的人大多头脑冷静，只是有点过于迟钝。对待工作勤勤恳恳，一丝不苟，能够把握自己的感情，不喜欢大惊小怪，深得朋友们的信任。

★喂！

此类人快乐活泼，精力丰富，直率坦白，思维敏捷，具有良好的幽默感，并善于听取不同的见解。

★嗨！

此类人腼腆害羞，多愁善感，极易陷入尴尬为难的境地，经常由于担心出错而不敢做出创新和开拓的事情。但有时也很热情，讨人喜爱，当跟家里人或知心朋友在一起时尤其如此。晚上宁愿同心爱的人待在家中，也不愿在外面消磨时光。

★过来呀！

这种人办事果断，喜欢与他人分享自己的感情和思想，好冒险，能及时从失败中吸取教训。

★看到你很高兴。

这种人性格开朗，待人热情、谦逊，喜欢参与各种各样的事情，而不是袖手旁观，这样的人开朗活泼，是十足的乐观主义者。不过，他们经常喜欢幻想，被自己的情感所左右。

★有啥新鲜事？

这种人雄心勃勃，好奇心极强，凡事都爱刨根问底、弄个究竟，热衷于追求物质享受并为此不遗余力，办事计划周密，有条不紊。

★你怎么样？

此类人喜欢出风头，希望引起别人注意，对自己充满了自信，但又时时陷入深思。行动之前，喜欢反复考虑，不轻易采取行动，但一旦接受了一项任务，就会全力以赴地投身其中，不达目的，誓不罢休。

从选择聊天场合上分析他人

★喜欢在饭店大厅里谈正事的人

多数胆量大，不在乎自己的隐私被其他人窃取，即使别人对自己构成了威胁，他们也有十足的把握避免和解决出现的问题，这是他们智慧超众的表现。

★喜欢在茶艺馆里聊天的人

通常都极为谨慎，认为茶艺馆中的人都是有闲之辈，对自己构不成威胁，即使听到自己说出了不该说的话也奈何不了自己。他们做任何事情都很小心谨慎，认为混在茶艺馆中可以掩饰自己的庐山真面目，所以电视剧中的地下党多在茶艺馆中联络和碰头，贩毒分子也多在茶艺馆中进行交易。

★喜欢在俱乐部或酒吧谈事情的人

大多数沽名钓誉，认为这种场合能够满足对方的很多欲望，而且名正言顺，以休闲和娱乐为目的。同时，还可以提高自己的身份和影响，有利于自己目标的实现。

★相约在办公室里谈事情的人

对人多半十分有诚意，因为办公室是一个单一性质的场所，不允许也没有其他人或事情影响谈话内容和气氛，自己可以和对方进行最实际有效的谈话。他们对工作充满了自信，认为工作可以帮助自己解决很多问题，所以办公室成了最值得他们信任的地方。

★喜欢在被窝中聊天的人

他们通常达到了亲密无间、无话不谈的地步。他们之所以选择在被窝中聊天，因为那里安静，不会有意外的人或声响来扰乱谈话或他们的情绪，表明他们对外界适应能力不强，而且有胆小怕事的软弱性格。在生活或工作当中受到很多的压抑，为了发泄，而且不被别人察觉，他们往往在被窝中向亲朋好友倾诉自己的苦水。他们也善于掩盖自己的情绪，喜欢或不喜欢很难被别人察觉。

★喜欢在宽敞场所聊天的人

多为心胸开阔、乐观直爽的人，但性格中也有怯弱的一面。因为宽敞的场所通常人很稀少，他们选择在这种场所聊天完全可以不用担心隔墙有耳，给自己留下什么麻烦。他们以男人居多，一般志向远大，目光长远，居安思危，给人一种沉着稳重的感觉；也善于掩饰自己的真情实感，其他人甚至是亲人有时都无法理解他们。

通过接受表扬的态度看透他人

表扬是对成绩的肯定，表示大众接受他们的行为或某种观点，是人人都渴求的一种外界反应，受到表扬的人往往会得到心灵上的愉悦和满足。有的人追求表扬胜过财富，也有的人胜于生命，所以表扬对于一个人的性格有着非常大的影响。而一个人在接受表扬的时候所产生的反应，将暴露出什么信息呢？

★受到表扬就害羞的人

受到表扬的时候面红耳赤、表现得很腼腆的人，他们温柔敏感、感情非常脆弱，别人的批评很容易让他们受到伤害，更经受不住意外的打击；富有同情心，关注别人的感受，不会用言语或行动攻击别人。

★不敢相信的人

听到赞扬的话，他们会用一副非常惊喜的样子来表达自己心中的高兴。

他们憨厚淳朴，不喜欢与别人发生矛盾冲突，经常损失自己的利益来换得安宁；喜欢参加群体活动，交往过程中的大度和慷慨让他们与别人建立起良好的人际关系，与他人能够相处得非常融洽。

★ 无动于衷的人

听到表扬仿佛听到风声一样无动于衷的人，他们在工作中兢兢业业，不喜欢因为受到他人的注意而浪费时间和精力。他们对待身边的事情保持一种顺其自然的态度，不喜欢争强好胜；奉献是对他们的高度评价，他们宁愿独处一室进行研究和开发，也不愿加入吵闹的集体生活中。

★ 相互赞扬的人

听到别人的表扬，他们立刻会用相应的表扬话语回敬，让对方有被回报的感受；有自己的个性，不喜欢依赖他人，对自己和生活充满了自信；在人际交往过程中，很讲究平等互利，和他们交往可以毫无后顾之忧，既不必担心吃亏，也不会产生占他们便宜的念头。

★ 极力否定的人

经常用诙谐的话语回敬对方的表扬，有时否定对自己的表扬。他们不喜欢参加集体活动，不愿受到别人的干扰，将众多的精力和时间用于维护自己的独立空间；幽默含蓄，但又略显放荡不羁，其实这是他们故意封闭自己的一种手段和方式，他们通常不会和别人建立起深厚的友谊。

★ 来者不拒的人

较为公平，会在接受别人表扬的时候用适当的话称颂对方。他们心地单纯，喜欢助人为乐，经常设身处地为别人着想，能够对他人的优点给予肯定，别人非常愿意和他们相处；慷慨大方，能够给予朋友及时有效的援助，和他们共渡难关。

★心不在焉的人

他人的表扬并不被他们所关注，因为他们根本没有心情为表扬浪费过多的时间，所以总是找其他的话语来改变话题。他们反应灵活、机智聪明，而且才华横溢、富有眼光，既现实又果断。自信和狂放不羁是他们最明显的性格特征，对名利不过度追求，有成就宏伟计划的可能。

★心平气和的人

对于表扬自己的人，能恰到好处地表达出由衷的感谢，给对方彬彬有礼的感觉。他们沉着稳重，注重实际，讲究实效，富有进取心，善于韬光养晦，经常出其不意地给人以惊喜；有着独立的行事原则，能够按照预定的目标坚持不懈地努力，不受外界环境影响，更不会招摇过市、不可一世。

从回答问题的习惯上看透对方

大家经常会遇到这样的情况：碰巧自己忘记带表也没带其他的通信工具，在这样的情景下，我们要想知道时间，一个有效便捷的方法是向周围的人询问。实际上，从回答问题上也可以观察你的对手，虽然你可能从未意识到这一点。

★回答准确时间的人

这种人性格内向，实事求是，踏实肯干，做事认真，积极上进，遇逆境能忍受，具有持之以恒的精神，事业容易成功。但他们因事业心强，一般不主动接近别人，也使人不易接近，待人不热情，爱好不广泛。

★回答大约时间的人

此人不拘谨，不计较个人得失，性格温和，不嫉妒人。这种人不能成大事，也不能做小事，他们的一生都将会在平平庸庸中度过。

★回答的时间误差极大的人

这种人办事马马虎虎，处事不够机灵，嘴尖皮厚腹中空。这种人头脑反应比较慢，看问题只看表面，但他干活迅速而果断，能面对实际。

★回答时，故意夸大或缩小时间的人

这种人虚伪、表里不一，往往把芝麻说成绿豆，考虑问题不周全，办事持无所谓的态度，不能承担责任。

第 4 章

借助行为举止观人心

身体语言包括整个人体或人体某一部分的每一个有意识或无意识的动作，它们向外界发送思想、情感信息。你需要通过身体语言来了解他人，也需要用身体语言让他人了解你。

透过坐姿窥探人的性格趋向

坐姿与心理反应

坐姿是心灵的暗示。从坐的方式、姿态、距离中，可以窥出一个人真实的意思，了解一个人的心理动向。

在日常生活中，仔细地观察每个人的坐姿，便能发现一些不为人知的秘密。每一种坐的方式，似乎是无意的，但从这貌似随意的坐姿中，可以解读表象下隐藏的不同性格和心理状态。

①坐稳后两腿张开，姿态懒散者，通常说来都比较胖。这种人由于腿部的肉过多，行动也不是十分方便，说得比较多而做得相对要少。这类人属于豪言壮语型，头脑中想的事情经常是被夸张了的。

②坐下时左肩上耸，膝部紧靠，致使双腿呈 X 形的人，一般比较谨慎。但他的决断力比较差，也缺少男子汉的气魄，即使是一个男性，他也是比较女性化的男性。如果你对他有过多希望的话，其结果多为失望。

③坐下手臂曲起，两脚向外伸的人，其决断力十分缓慢。每天他都在不断地计划些事物，却什么也实现不了。这种人的理想与行动特别不协调，喜欢做白日梦。如果与这种人共事，相信一年中会出现不间断的纠纷。

④ 坐下时两脚自然外伸，给人一种十分沉着稳重印象的人，属直情径行类型。这些人大都身体健康，对疾病的抵抗力很强。就命运而言，他也是十分幸运的。

⑤ 坐下时，一只手撑着下巴，另一只手搭在撑着下巴的那只手的手肘之上，且架着"二郎腿"的人，大都不拘小节，面对失败亦能泰然自若。不过，如果你被这种人迷惑住，他会厚颜无耻地去逃避责任，甚至对你使出各种损人利己的卑鄙手段。

⑥ 双肩端起，一脚架放在另一只脚之上，做出庄重堂皇之态的人。虽然志向远大，却缺乏具体计划，导致他的志向如空中楼阁一般，无法实现。

⑦ 坐在车上两脚长伸在外，阻碍通道，同时将双手插在口袋里的人，大多是贫困潦倒之人。如果其相貌长得不好，通常伴有恐吓或威胁他人的行为。对于这种人，最好采取敬而远之的态度。

⑧ 两脚弯曲，两手架在桌上伏身看书的人，容易患甲状腺异常及筋肿等疾病。如果是近视眼的人，他也可能会稍稍抬起屁股看书。

⑨ 坐着看书时，脚尖竖起，同时眼睛不断向上翻的人，肯定是个急性子。这是一种天生的个性。即使他有很多看书的时间，但还是显得非常繁忙，无法平心静气地看书。

⑩ 在读书时，用手撑着下巴且姿势不良的人，其读书效率不高，同时此种姿态也是理解及记忆均有困难的人的象征。一个真正学习的人，是不会用这种不良姿态读书的。

古板型坐姿

坐着时两腿及两脚跟并拢靠在一起，双手交叉放于大腿两侧的人为人古板，从不愿接受他人的意见，有时候明知别人说的是对的，他们仍然不肯低下自己的脑袋。

他们明显缺乏耐心，哪怕只有几分钟的短会，也时常显得极度厌烦，甚至反感。

这种人凡事都想做得尽善尽美，干的却又是一些可望而不可即的事情。他们爱夸夸其谈，缺少实干的精神，所以总是失败。虽然这种人为人执拗，不过他们大多具有丰富的想象力。但他们只是经常走错门路，如果他们在艺术领域里发挥自己的潜能，或许会做得更好。

对于爱情和婚姻，他们也都比较挑剔，人们会认为这种人考虑慎重，但事实不然。应该说是他们的性格决定了这一切，他们找"对象"是用自己构想的"模型"如"郑人买履"般寻觅，这肯定是不现实的做法。一旦谈成恋爱，则大多数都属于"速战速决"，因为他们的理念是中国传统型的"早结婚，早生子，早享福"。

悠闲型坐姿

这种人半躺而坐，双手抱于脑后，一看就是一种怡然自得的样子。他们性情温和，与任何人都相处得来，也善于控制自己的情绪，因此能得到大家的信赖。

他们的适应能力很强，对生活也充满朝气，做任何职业好像都能得心应手，加之他们的毅力都非常坚强，往往能取得某种程度的成功。这种人喜欢学习但不求甚解，可能他们要求的仅是"学习"而已。

他们的另一个特点是积极热情、挥金如土。如果让他们去买东西，很多时候是凭直觉的喜欢与否。对于钱财他们从来都是把它看作身外之物，"生不带来，死不带去"，以至于他们时常不得不承受因处理钱财的鲁莽和不谨慎带来的后果，尽管他们挣的钱不少。

他们的爱情生活总的来说是较快乐的，虽然时不时会被点缀上一些小小的烦恼。这种人的雄辩能力都很强，但他们并不是在任何场合都会表现自己，这完全取决于他们当时面对的对象。

自信型坐姿

这种人通常将左腿交叠在右腿上，双手交叉放在腿跟儿两侧。他们具有较强的自信心，特别坚信自己对某件事情的看法。如果他们与别人发生争论，可能他们并不在意与别人争论的观点的内容。

他们天资聪明，总是能想尽一切办法并尽自己最大的努力去实现自己的梦想。虽然也有"胜不骄，败不馁"的品性，但当他们完全沉浸在幸福之中时，也会有些得意忘形。

这种人很有才气，而且协调能力很强。在他们的生活圈子里，他们总是充当着领导的角色，而他们周围的人对此也都心甘情愿。

不过，这种人有一个不好的习性，喜欢见异思迁，常常是"这山望着那山高"。

腼腆羞涩型坐姿

将两膝盖并在一起，小腿随着脚跟分开成一个"八"字样，两手掌相对，放于两膝盖中间的人特别容易害羞，多说一两句话就会脸红。他们害怕的是让他们出入社交场合。这类人感情非常细腻，但并不温柔，因此这种类型的人经常使人觉得很奇怪。

这种人可以做保守型的代表，他们的观点一般不会有太大的变化，他们对许多问题的看法或许在几十年前比较流行。在工作中，他们习惯于用过去陈旧的经验做依据，这本身并不是错，但在新世纪到来的今天，因循守旧肯定会被这个社会所淘汰。不过，他们对朋友的感情是相当诚恳的，每当别人有求于他们的时候，只需打个电话他们就会效劳。

他们的爱情观也常常受着传统思想的束缚，经常被家庭和社会的压力压得喘不过气来，而自己仍要遵循传统的"东方美德""三从四德"等旧观念。

谦逊温柔型坐姿

温顺型的人坐着时喜欢将两腿和两脚跟紧紧并拢，两手放于两膝盖上，端端正正。这种人一般性格内向，为人谦虚。

这种坐姿的人常常喜欢替他人着想，他们的很多朋友对此总是感动不已。正因为如此，他们虽然性格内向，但他们的朋友却不少，因为大家尊重他们的"为人"。

在工作中，这种人虽然行动不多，却踏实努力，他们能够埋头为实现自己的梦想而奋斗。犹如他们的坐姿一样，他们不会去花天酒地，他们很珍惜自己用辛勤劳动换来的成果，坚信的原则是"一分耕耘，一分收获"，也因此他们极端讨厌那种只知道夸夸其谈的人。在他们看来，想吃"白食"或者"不劳而获"的人都会受到鄙视。

坚毅果断型坐姿

这类人喜欢将大腿分开，两脚跟儿并拢，两手习惯于放在肚脐部位。

这种人有勇气，也有决断力。他们一旦考虑了某件事情，就会立即去采取行动。在爱情方面，他们一旦对某人产生好感，就会积极主动地说明自己的意向。不过，他们的独占欲望相当强，动不动就会干涉自己恋人的生活，所以时常遭到恋人的白眼。

他们属于好战类的人，敢于不断追求新生事物，也敢于承担社会责任。这类人当领导的权威来自于他们的气魄。其实，很多人并不是真心地尊重他们，只是被他们那种无形的力量威慑而已。从另一个角度来说，他们不会成为处理人际关系的"老手"。当他们遇到比较棘手的人际关系问题时，多半会求助于自己的老婆。但是，如果生活给他们带来巨大压力的话，他们一定能够泰然处之。

放荡不羁型坐姿

放荡型的人坐着时常常将两腿分开距离较宽，两手没有固定的放处，这是一种开放的姿势。

这种人喜欢追求新意，偶尔成为引导都市消费潮流的"先驱"，他们对于普通人做的事不会满足，总是想做一些别人不能做的事，或者说他们喜欢标新立异更为确切。

这种人平常总是笑容可掬，最喜欢和他人接触，而他们的人缘也确实颇佳，因为他们不在乎他人对他们的批评，这是别人很难做到的。从这方面来说，他们很适合做一个社会活动家或从事类似的职业。

站立姿势传达的信息

站姿与心理反应

美国心理学家拍摄了大量影像资料，经过反复研究发现，通过观察一个人不同的站立动作，就可以窥探到他们的性格。由此可见，站姿也是窥探人的性格和心理的一扇窗子。

有的人站立时是抬头、挺胸、收腹，两腿分开直立，两脚道呈正步，像一棵松树般挺拔。这种人是健康自信的人，因为自信，所以这种人做事雷厉风行，十分具有魄力；其次，这种男人有正直感、责任感，是大多女孩子追寻的对象。

而那种站立时弯弯曲曲、头部下垂、胸不挺、眼不平的人，则是缺乏自信，做事畏缩不前，不敢承担风险和责任的人。除此之外，这种人可能就是那种专做偷鸡摸狗之事的人，因为做贼心虚，所以头抬不起，胸不敢挺。还有一种人也是如此，那就是一辈子与药罐子为生的人，当然这种人不是他们不想挺直腰做人，而是因为有病毒时刻在侵扰着他们的身体。

对于那种站立姿势不倾不斜的人，则是前面两种人的一个折中。此种人遇着南风往北边倒，遇着北风往南边倒，类似于不倒翁。为了不倾不斜，这种人极尽阿谀奉承、拍马钻营之能事，他们还善于伪装，伪装得让人觉得马屁拍的声音不大，但很温柔舒服。因此，这种人一般城府很深、深藏不露，甚至于心肠歹毒、阴险狡猾，不得不小心。当然，那种做事缺乏主见、优柔寡断之人也在此列。

从站立的姿势看，一般提倡丁字步：两腿略微分开，前后略有交叉，身体的重心放在一只腿上，另一只则起平衡作用。这样不显得呆板，既便于站稳，也便于移动。站立的姿势适当，你就会觉得呼吸自然、发音畅快、全身轻松自如，特别有助于提高音量。只有好的站姿，才能使身姿、手势自由地活动，才能把自己的形象充分地表现出来。无论男性还是女性，站立姿势应给人以挺、直、高的美感。

就男性来说，站立时身体各主要部位舒展，头不下垂，颈不扭曲，肩不耸，胸不含，背不驼，髋、膝不弯，这样就能做到"挺"。站立时，脊柱与地面保持垂直，在颈、胸、腰等处保持正常的生理弯曲，颈、腰、背后肌群保持一定紧张度，这样就能做到"直"。站立时，身体重心提高，并且重点放在两腿中间，这样就能做到"高"。

就女性来说，站立时头部可微低，这有利于显露女性柔和之美；挺胸，不仅能显得朝气蓬勃，而且是自信的象征；腹部宜微收，臀部放松后突，则能增加女性曲线美。

在正式场合站立，不能双手交叉、双臂抱在胸前或者两手插入口袋，不能身体东倒西歪或依靠其他物体。另外不要离人太近，因为每个人在下意识里都有一个私人空间，如果离得太近会使对方有被侵犯的感觉。所以在正式场合与人交谈时，不要与对方站得太近，而要尽量与他人保持一定的距离。

有人说："站姿是性格的一面镜子。"此话一点儿不假。人们只要细心观察周围的人，从他们站立的姿势语言去探知其性格心理，也许会有收益的。

思考型站姿

思考型内向的人双脚自然站立，双手插在裤兜里，时不时取出来又插进去。

他们比较小心谨慎，凡事喜欢三思而后行，如果让他们决定做一件事，不如你先给他们一份计划。在工作中，他们缺乏主动性和灵活性，往往生硬地解决很多问题，事后又常常后悔，这不能不说是其悲哀。

他们的姿势给人的感觉好像总有很多忙碌的事情等着他们去做，其实是因为他们经常觉得不知如何是好。这种人的伟大之处是他们把爱情看得异常神圣，他们既不轻易喜欢上一个人，更不会轻易向人表达他们对爱情的忠贞。

他们常把自己关在一个小屋子里，冥思苦想，构筑自己梦想的殿堂。可能正因为如此，他们大都经受不起失败的打击，在逆境中更多的是垂头丧气，正所谓：一个人希望越大，失望也越大。

服从型站姿

这种类型的人与别人相处一般都比较融洽，可能很大的原因是他们很少对别人说"不"。人的感情往往会受到一种潜意识的控制，愿意听到别人对自己的赞美，而这种人生来就是学这套的。

他们在工作中不会有开拓和创新的精神，但踏实到毫无反对意见的地步，在很多人手下也会很有用处。他们不是"拍马屁"的高手，甚至他们不知道该怎样去"拍马屁"，但他们却经常拍到"马屁"，应该说是他们运气很好。

他们的快乐来源于他们对生活的满足。而不愿与人争斗的个性既带给他们美好的心情，也带给他们愤怒。

攻击型站姿

攻击型的人常常将双手交叉抱于胸前，两脚平行站立。他们的叛逆性很强，时常忽略对方的存在，具有强烈的挑战和攻击意识。

在工作中，他们不会因传统的束缚而放不开手脚，即使偶尔被绑，他们也会用牙齿咬断这根绳索；如果嘴也被封住，他们会不断地用鼻孔出气，显露他们的存在。这种人的创造能力比其他类型的人发挥得更加淋漓尽致，并不是因为他们比别人聪明，而是他们更敢于表现自己。

古怪型站姿

这种人常常将双脚自然站立，偶尔抖动一下双腿，双手十指相扣在胸前，大拇指相互来回搓动。他们的表现欲望十分强烈，喜欢在公共场合大出风头。

他们喜欢争强好胜，容不下别人。如果大家都说太阳是圆的，他们一定会说是方的；若大家都说是方的，这种人肯定会问大家："太阳怎么会是方的呢？"他们不是愚蠢，而是十分聪明，大家都不能把井里的月亮捞出来，他们就行，而且只用一个洗脸盆就办到了。

抑郁型站姿

通常是两脚交叉并拢，一手托着下巴，另一只手托着这只手臂的肘关节；这种人多数为工作狂，他们对自己的事业很有自信，工作起来十分投入。废寝忘食的行为对他们来说是家常便饭，自己的另一半更是经常被冷落在家，幸亏他们的伴侣多是理解型的。

这种人更为引人注目的是他们的多愁善感，从他们丰富的面部表情就可以显示，他们是那么容易喜怒无常，甚至在他们的言行中也表露无遗。刚才还在与你喜笑颜开，夸夸其谈，突然脸色沉了下来，一句话也不说，最多时不时地参与到你们的谈话中，显得很深沉的样子，谁也不知道他们是因为读小学时失恋了还是刚才在办公室走廊里被上司训了一顿，抑或昨天看电影迟到了，没有看到故事的开头？

他们对这个世界倒是很具有爱心，可以经常看到他们的奉献精神。而且，他们很坚强，一般不会向人屈服，也不会由于重重摔了一跤，就不再继续在充满泥泞和荆棘的道路上前行。

社会型站姿

他们双脚自然站立，左脚在前，左手习惯于放在裤兜里。这种人的人际关系处理得很协调，从来不给别人出什么难题，为人敦厚笃实。

如果让这类人去和客户建立关系，他们时常是先站在客户的立场替客户着想，帮助他们分析利弊，这在人情味重的东方国度里，往往会收到神奇的效果。

这种人平常喜欢安静的环境，找一两个知己叙旧或者摆弄一下棋盘，给人的第一印象总是文质彬彬，不过一旦碰上比较让人愤怒的事，他们也会暴跳如雷。

对于男女关系的问题他们有一种大彻大悟的体会，"男人不必为女人活着，女人也不必为男人活着"，他们最讨厌把感情建立在金钱上，也最不愿听到别人说他们是为了某种目的而与某人交往。

走路姿势表露的意图

走姿与心理反应

虽然走路这种动作与生俱来，看似平常，没有半点特点，却最能反映出一个人的性格特征，以及气质和修养。如循规蹈矩、思想保守的人的走路姿态与积极上进、勇于创新的人的走路姿态，绝对是大相径庭的。

人们行走的姿态，即步态，是千姿百态、变化万千的，例如有节奏均匀的慢跑、大摇大摆的阔步、老态龙钟的蹒跚、偷偷摸摸的蹑行、故作姿态的扭摆、兴高采烈的蹦跳、摇摇摆摆的跛行、无精打采的漫步、急促小跑的碎步、闲庭自得的信步、消磨时间的散步、夸张行进的正步、风驰电掣的疾奔、犹豫不决的徘徊、姿态优雅的滑行、心焦气躁的急走，等等。这些移动身体的步态，每个人在日常生活中都会用到一些。

每个人具有不同的走路姿势，能使他的熟人哪怕相隔较远也能认出来。至少有一些特征，是因为身体的结构而有所不同，但是步法、跨步的大小和姿势，似乎是随着情绪变化而改变的。如果一个人很快乐，他会走得比较快、脚步也轻快；反之，他的双肩会下垂，脚像灌了铅似的很难迈动。通常，走路快且双臂自在摆动的人，往往有坚定的目标且准备积极地加以追求；习惯双手半插在口袋中，即使天气暖和时也不例外的人，喜欢挑战且颇具神秘感。

一个自视傲慢的人走路时，他的下巴通常会抬起，手臂夸张地摆，腿是僵直的，步伐沉重而迟缓，似乎是故意引起他人的注意。

一个人在郁闷时，往往拖着步子将两手插入口袋中，很少抬头注意自己往何处走。

走起路来双手叉腰像个短跑者的人，他往往想在最快的时间内跑最短的距离，以达到自己的目标。他突然爆发的精力，常是在他计划下一步决定性的行动时看似沉静的一段时间内所产生的。

适当的步态可以表现出一个人积极向上、朝气蓬勃的精神状态，呈现出一种健美的姿态，正如古人所说的"行如风"，会给人留下良好的印象。

男子走路贵稳健、迅捷；女子走路贵婀娜、轻盈，但以自然明快为好。

另外，男女行走时，步态要求也不一样。男子走路时，头要端正，两眼向前平视，挺胸收腹，两肩不要晃动，步伐要稳健、有力；女子走路时，头要端正，目光宜温和平静，两手前后摇动幅度不要太大，步伐以飘逸、轻盈为佳。无论男女，走路时，行走路线都应尽可能保持平直。不要两手插入衣袋、裤袋，也不要躬腰弯背，东张西望，边走边对他人品头论足；不要东摇西摆，有气没力，抢先或拖后，双手叉腰和倒背手；不要拖泥带水，重如打锤，砸得地板咚咚直响。

昂首挺胸的走姿

有些人走路时抬头挺胸，大踏步地向前，充分表现出自己的气魄和力量，当然难免给旁人一种骄傲的感觉。

这类人爱以自我为中心，淡于人际交往，不轻易投靠和求助别人，哪怕碰到自己根本就无法解决的事情时也是这样。他们思维敏捷，做事逻辑思维清晰，考虑问题比较全面。也许不是很复杂的一件事情，他们也时常为自己拟订一份计划。

他们习惯于修整仪容，衣履整洁，时刻使自己保持着美好的形象。无论是逛街还是访友，出门前他们总喜欢在镜子前端详一下自己："头发凌乱否？发型完整否？衣服平整否？皮鞋光亮否？"

这类人的最大弱点是羞怯和没有坚强的毅力。时常看到他们有很多伟大的计划，却很难发现他们有成功的事业，加之个性羞涩，难以主动与人交往，时常不能充分发挥自己的能力，于是他们时常有一种"黄金埋土"的感觉。这种人还极富组织力和判断力，可惜他们时常说得多做得少。

摇摆不定的走姿

这种人看似行为放荡，但对人热情诚恳，即使是女性也有一股侠义之气。他们乐意帮人解决各种问题和困难，而且不需要别人的感激。需要提醒他们的是：切勿锋芒太露，或有轻浮之举。

步伐整齐的走姿

走路如同上军操，步伐齐整，双手有规则地摆动，在人们看来非常不自然，但他们却感觉十分协调。这种人意志力很强，对自己的信念十分专注，他们选定的目标一般不会因外在环境和事物的变化而受到影响。

行动急促的走姿

大部分人遇到紧急情况都会不顾一切地疾行，如果任何时候都显得来也匆匆，去也匆匆，好像屁股后面着了火似的就另当别论了。他们办事比较急躁，虽然明快而又有效率，但缺少必要的细致，有时会草率行事，缺少足够耐性；他们遇事从不推诿搪塞，勇敢正直，精力充沛，喜欢迎接各种挑战。

微倾式的走姿

这类人性格内向，而且有一颗关爱之心；害羞腼腆，见到异性常会红脸；具有较好修养，为人谦虚，从不花言巧语；注重感情，一旦成为至交则情深似海、痴心不改。但这种人常常对生活感到厌烦，这是由于他们受害多，又不愿向人倾诉，独自生闷气造成的。

有的人走路时习惯于身体向前倾斜，甚至看上去像弯着腰，倒并不是因为他们走得较快需用身体来平衡，与之相反他们大多数步伐还非常平稳。

他们从不欺骗他人，非常珍惜友谊和感情，只是平常不苟言笑，与人相处也是一副"借他米还他糠"的冷漠样，很难与人相处。但一旦成为知交则至死不渝，尤其在恋爱或婚姻出现分歧、决裂时，他们总是抱着"宁肯人负我，我绝不负人"的念头。

八字式的走姿

内八字式走路的人，表现得滑稽可笑。他们永远是一副憨实厚道的样子，但这种人在厚道的外表下，并不显得沉静。他们平常留意生活中的细节，事事喜欢按部就班地进行，如果有突发事件发生就会大乱阵脚，并显得手足无措。

这种人的形象注定了他们不会创新，他们情愿跟着潮流走。当别人把一定的权力交给他们，而使其成为众人注目的焦点时，他们就会浑身不自在且烦躁不安。因为他们只追求平淡的生活。

其他走姿

★**手足协调的人**

这种人对待自己十分严厉，不允许出现半点儿差错，希望自己的一举一动都可以成为他人的榜样；具有相当坚强的意志力和高度的组织能力，但容易走向武断独裁，让周围人产生畏惧；对生命及信念专注固执，不易为别人和外部环境所动，为实现目的会不惜一切代价。

★**手足不协调的人**

这种人走路姿势是双足行进与双手摆动极不协调，而且步伐忽长忽短，让人看了极为不自在。他们生性多疑，对什么事都是小心翼翼，瞻前顾后；责任感不强，做事往往有头无尾，甚至溜之大吉。

★双足内敛或外撇的人

可以想象，这种人走起路来用力而且急促，但是上半身基本维持不动。他们不喜欢交际，认为那是无聊之人才做的事情，不愿意为此浪费时间和精力；此类人头脑灵活聪明，做起事来总是不动声色，给人意外的惊喜，也有保守和虚伪的倾向，所以知心朋友并不是很多。

★步调混乱的人

因为心不在焉，所以这样的人走路步调混乱，没有固定习惯而言，或是双手放进裤袋，双臂夹紧；或是双臂摆动，挺胸阔步；他们豁达大方、不拘小节，可以成为很好的朋友。

★落地有声的人

这种人双足落地的时候发出清晰的响声，行进迅速，昂首挺胸，一副精神焕发的样子。他们志向远大，积极进取，精心设计和打造自己的未来生活，期望一天比一天过得更好；是个理性成分超过感性成分的人，做事有条不紊，规规矩矩。同时注重感情，热烈似火，可以选为情人或伴侣。

★文质彬彬的人

这种人走起路来不疾不缓，双手轻松摆动，富有教养。但是，他们胆小怕事，没有远大的理想，而且不思进取，喜欢平静和一成不变，所以总是原地踏步和维持现状；遇事冷静沉着，不轻易动怒。以这种姿态走路的女人多属于贤妻良母型。

★横冲直撞的人

这种人走路迅疾，不管是在拥挤的人群中，还是在人迹罕至之地，一律横冲直撞，长驱直入，而且从来不顾及他人的感受。他们性情急躁，办事风风火火；坦诚率真，喜欢结交五湖四海的朋友，讲义气，不会轻易做出对不起朋友的事。

★ **犹疑缓慢的人**

这种人走路时仿佛身处沼泽地，行进艰难。他们大多性格较软弱，遇事容易知难而退，不喜欢张扬和出风头；遇事总是三思后而行，绝不轻易冒险迈出第一步，结果往往错失良机；憨直可爱，胸无城府，重视感情，交友谨慎小心。

★ **慢悠悠走路的人**

这类人平时总是慢慢悠悠走路，说明此人无所事事，游手好闲，不务正业。他们大多性格迟缓，对自己放任自流，凡事得过且过，顺其自然，没有过高的追求，缺乏进取心。

★ **连蹦带跳的人**

这种人手舞足蹈、一步三跳且喜形于色，一定是听到了某种极好的消息，或得到了意想不到的、盼望已久的东西。他们城府不深，不会隐藏自己的心思。此类人往往人际关系良好，朋友众多。

★ **不安静的人**

这种人除了睡觉以外，没有片刻安静的时候，喜欢东窜西窜，以引起他人的注意。做事粗心大意，丢三落四，但慷慨好施，不求名利与享受，安分守己，认真经营自己所热衷的事业；喜欢凑热闹，害怕孤独；健谈，常常口若悬河，评古论今；思想单纯，喜欢户外活动，特别是徜徉在大自然中。

十指连心，手势最能表达心声

双手托腮爱幻想

在体态中，手势是很突出的。演讲、教学、谈判、辩论乃至日常交谈，都离不开手势，所以行为学家曾形象地比喻说："手势是人的第二张唇舌。"人们的种种心理通过千姿百态的手势体现出来，而且手势往往比言语更能传达说话者的心意。

以手托腮的动作，是一种替代的行为。用自己的手，代替母亲或是情人的手，来拥抱自己或安慰自己。

在精神抖擞毫无烦恼的人身上，不会经常看见这样的行为，只有在心中不满、心事重重时，才会托着腮沉浸于自己的思绪中，借此填补心中的空虚与烦恼。

如果你眼前的人，正用手托腮听你说话，那就表示他觉得话题很无聊，你的谈话内容无法吸引他；或者他正在思考自己的事，希望你听他说话。如果你的恋人出现这样的举动，也许他正厌倦于沉闷的聊天，希望你给他一个热情的拥抱！

倘若平日就习惯以手托腮的话，表示此人经常心不在焉，对现实生活感到不满、空虚，期待新鲜的事物，梦想着在某处找到幸福。

如果想抓住幸福的话，不能只是用手托着腮幻想而什么都不做。有这种个性的人在谈恋爱时，会强烈渴望被爱，总是祈求得到更多的爱，很难得到满足，一直处于不满足的状态。

从另一个角度来看，这种人因为觉得日常生活了无创意，而惯于沉浸在自己编织的世界中，偏离了现实世界，脑中净是浪漫的情怀，与之交谈，往往会出现一些意想不到的有趣话题。

这种人就像一个爱撒娇的孩子一样，随时需要呵护，但太过于溺爱也不是好事。拿捏好尺度，适当地满足他的需求才是上策。而经常做出托腮动作的人，除了要自我检讨这种行为是否是因内心空虚产生的反射动作外，也应尽量充实自己，减轻内心的痛苦，试着通过心态的调整，改善表露在外的肢体动作。

戒备心理强的人，大多数在幼儿时期没有得到父母充分的爱，例如：母亲没有亲自喂母乳、总是被寄放在托儿所、缺乏一些温暖的身体接触。在这种环境下长大的人，特别容易表现出此种习惯。

著名的日本演员田村正和，在电视剧中常摆出双臂交叉抱于胸前的姿势，因此他给观众的感觉，绝不是亲切坦率的邻家大哥，而是高不可攀的绅士。他不是那种会把感情投入对方所说的话题中，陪着流泪或开怀大笑的类型。他心中似乎永远都藏着心事，在自己与别人之间筑起一道看不见的屏障。这种形象和他习惯将双臂交叉抱于胸前的姿势，似乎非常符合。

个性直率的人通常肢体语言也较为自然、放得开。当父母对孩子说"到这儿来"，想给孩子一个拥抱时，一定会张开双臂，拥他入怀。试试看将双臂交叉抱于胸前对孩子说"到这儿来"，孩子们绝不会认为你想要拥抱他，而是担心自己是否惹你生气，要挨骂了。

观察一下对方，是习惯将双臂交叉抱于胸前，还是自然地放于两旁呢？自然放于两旁的人，较为友善易于亲近，并且可以很快和自己成为好朋友。不过，若你有不想告诉他人的秘密，又想找人商量时，请选择习惯将双臂抱于胸前的人。因为太过直率的人守不住秘密，而习惯于双臂抱胸的人会将你的秘密守口如瓶。但是，要和这种人成为亲密的朋友，可能要花上很长一段时间。

跷大拇指是对他人的称赞

在大家的意识中，跷起大拇指，表示"好""第一""高人一筹""独占鳌头"等意思。在手相术中，大拇指说明个性和自我力量。使用大拇指的手势是辅助性的，常与其他非语言信号配合使用。

跷大拇指，在生活中更多是表示"赞赏"的意思。我们可以在适当的时候跷起大拇指，渲染说话的气氛。

例如，周恩来同志一生和蔼可亲、风趣幽默、妙语连珠，关于他的幽默故事也流传下来很多。在红军转战西南的艰苦岁月里，有一天深夜，他带领部队来到了一个小山村。由于部队人多房子少，周恩来就和十几个同志一起睡在一个小房间里。房东看到这种情形觉得很对不起周恩来同志，于是忐忑不安地说："这房间太小了，地方太小了，对不住首长了。"周恩来紧随着大嫂的语调回答："只怪咱们队伍太多了，人马太多了，实在对不住您了。"周恩来说着，又跷起大拇指说："很好！很好了！"周恩来话没说完，大家已经笑得前仰后合，一下子就把房东的紧张心情给化解了。

但是，在一些特定场合，用拇指指人的手势如使用不当，就会产生讥笑或贬低他人的效果。比如，某丈夫斜着将大拇指指向妻子，侧身对其朋友说："你知道，女人嘛，都那样！"虽然话里没有什么特别的意思，但是这个不尊重人的手势却很有可能会引起夫妻间的一场口角。用大拇指斜着指人的动作，是会引起别人不满的，最好不要用。

倘若是真诚地赞赏和称赞他人时，应该面带微笑，将拇指上扬，才能表现谦虚乃至尊重的态度。

手势上扬彰显十足的个性

手势上扬，代表着号召、鼓舞、赞同、满意的意思，有时候也用以打招呼。朋友相见，远远地扬起手："Hi！""Hello！"演讲或说话时手势上扬，最能体现个人风格。这种人大多性格开朗、豪迈、不拘于形式。手势上扬，无形之中还给人一种振奋和积极向上的力量。

采用上扬的手势，有时还可表现一个人的幽默风格。

陈毅元帅幽默风趣、谈吐机敏，尤其在担任外交部部长时，时常语惊四座。

1965 年 9 月 29 日，他在人民大会堂举行大型记者招待会，阐述我国的内外政策，回答记者们的提问。简短的开场白后，陈毅话锋一转，手势向上一扬，笑道："你们可要警惕，到中国来，要当心被'洗脑筋'啊！"顿时，哄堂大笑，一片活跃的气氛。

当一位记者问到我国核武器的发展情况时，陈毅回答说："中国已经爆炸了两颗原子弹，第三颗原子弹可能也要爆炸，何时爆炸，请你们看公报好了。"陈毅元帅有力地将手向上一扬，记者们也一阵大笑。

手势上扬，能体现出个人性格，可以塑造出一种豪放、大度、有号召力的性格魅力。

双手叉腰表示挑战

孩子与父母争吵、运动员对待自己的项目、拳击手在更衣室等待开战的锣声、两个吵红了眼的冤家……在上述情形中，经常看到的姿势是双手叉在腰间，这是表示抗议、进攻的一种常见动作。有些观察家把这种举动称之为"一切就绪"，但"挑战"才是最确切的含义。

这种姿势还被认为是成功者所特有的站势，它可使人联想到那些雄心勃勃、不达目的誓不罢休的人。这些人在向自己的奋斗目标进发时，都爱采用这种姿势。含有挑战、奋勇向前趋势的男士们也常常在女士面前采用这种姿势，表现他们男性的好战，以及男子汉形象；但女人如果用这一姿势，给人的感觉则是不温柔，有母夜叉的感觉。

在生活中，大家应该多些友爱和阳光，我们可以向困难挑战，可以向远大目标挑战，但不可以向同类挑战，不可以用双手叉腰增添剑拔弩张的气氛。

十指交叉表示意见不同

有一些人在谈话时，常常会将双手在胸前无意识地交叉在一起。最常见的姿势是把交叉着十指的双手放在桌面上，面带微笑地看着对方。这种动作常见于发言人，这个动作出现的时候，常常处于一种平和的氛围中……

通常，这种姿势也被一些女性拿来使用。那么，当一个女子摆出这种姿势的时候，如果能够了解其中所代表的意思，就可以适时而动去接近她。

接下来，我们简单叙述一下女性十指交叉的不同方式所代表的不同含义：喜欢十指交叉的女性，往往可能是在谈恋爱的时候受过伤害，其内心对别人有一种戒备心理，以避免自己再一次受到伤害，可以说是一种很明显的本能防卫；如果一个女子用双肘支撑着交叉双手，或者把下巴放在交叉的双手上面，那就表明她是一个特别有自信的女性，或者是说她对自己的某些能力相当自信；而把十指相对，将手势摆成尖塔形的女性，则是非常理性的女子，如果她们摆出这种姿势的话，一般表示她只对男子说的话感兴趣，而不是对男子本身感兴趣。

双臂交叉表示防卫

将双臂交叉抱于胸前，是一种防御性的姿势，是防御来自眼前人的威胁感，保护自己不产生恐惧。这是一种心理上的防卫，也表明对眼前人的排斥。

这个动作似乎正传达着"我不赞成你的意见""嗯……你所说的我完全不懂""我就是不欣赏你这个人"等含义。当对方将双臂交叉抱于胸前与你谈话时，即使不断点头，其内心可能对你的意见并不表示赞同。

也有一些人在思考事情时，习惯将双臂交叉抱于胸前。一般而言，有这种习惯的人，基本上是属于防卫心强的类型。在自己与他人之间画下一道防线，不习惯对别人敞开心胸，永远和对方保持适当的距离，冷漠地观察对方。

拍案而起显示威慑力

拍案而起，是形容一件事情重大而令人激动甚至愤怒的一个形容词。这个词现在屡屡见诸报端，一般都是形容一些领导人对某些大事件、突发事件，以及民愤极大又没有得到良好解决的事件的愤怒心情和行为，也体现了这些领导亲民、爱民的胆识、魄力、疾恶如仇的性格。

左宗棠曾三次拍案而起，义正词严，维护中华民族大义，在近代史上留下了重重的一笔。

左宗棠，清代"同治中兴"名臣，一生很有成就。熟悉或研究过左宗棠的人，无不对他的为人处世、为官之道赞不绝口。他在事关中华民族利益的大是大非面前，三次"拍案而起，挺身而出"的故事，尤为后人称道。

其中之一是，当他还是一个平民百姓时，林则徐在广州禁烟，得罪了洋人，洋人便用武力相要挟。清政府害怕了，就把责任往林则徐身上推，并撤销了他的职务，启用了投降分子琦善之流。同时，还与英帝国主义签订了中国历史上不平等条约，又是割地又是赔款。此时的左宗棠虽然人微言轻，但依然拍案而起，说："英夷率数十艇之众竟战胜我，我如卑辞求和，遂使西人具有轻中国之心，相率效尤而起，其将何以应之？须知夷性无厌，得一步又进一步。"他痛斥琦善"坚主和议，将恐国计遂坏伊手""一二庸臣一念比党阿顺之私，今天下事败至此"。他利用自己的朋友关系，四处联络，推动参劾投降派，让清政府重新启用林则徐。正是在舆论压力之下，朝廷不得不撤掉琦善，重新恢复林则徐的职位。

从上面左宗棠拍案而起，怒斥敌人的故事中，我们应该受到启发。当一个人的人格和尊严受到侵犯时，不应该临阵退缩，而应该拍案而起，给敌人以迎头痛击。自改革开放以来，国外一些犯罪团伙以投资为名，在境内干着有损中华民族尊严的事。对这些不法分子，我们更应该拍案而起，绝不轻饶，以维护祖国的尊严和我们作为一个中国人的人格，只有这样才会使祖国和自己的形象更加高大。

紧握拳头彰显力量

如果是在演讲或说话时，攥紧拳头对着听众说话，是在向他人表示："我是有力量的。"但如果是在有矛盾的人面前攥紧拳头，则表示："我不会怕你，要不要尝尝我拳头的滋味？"

林肯总统在一次著名的演讲中，就采用过这种手势。

"有只狮子深深地爱上了一个樵夫的女儿。这位美丽的少女让它去找自己的父亲求婚。狮子向樵夫说要娶他的女儿，樵夫说：'你的牙齿太长了。'狮子去看医生，把牙齿拔掉了。回过头来樵夫又说：'不行，你的爪子太长了。'狮子又去找医生，把爪子也拔掉了。樵夫看到狮子已经解除了'武装'，就用枪把它打死了。"

林肯最后说："如果别人让我怎么样我就怎么样，那我会不会也是这样的下场呢？"

林肯说完这句话，攥紧拳头，加重语气说道："我绝不会受任何人摆布！"

　　林肯在这儿攥紧拳头，表现出的是一种果断、坚决、自信和力量。平时，我们听人演讲见人讲话时攥紧拳头，证明这个人很自信，很有感召力。但在日常生活中，我们与人发生不愉快时，请把你的拳头藏起来，不要攥起拳头在对方面前晃动，那样做的结果，势必会引起一场打斗，这是不可取的。

手势下劈表示果断

　　手势下劈，给人一种泰山压顶、不容置疑之感。使用这种手势的人，一般都高高在上，高傲自负，喜欢以自我为中心，他的观点不会轻易容许人反驳。伴随着这个动作的意思是："就这么办""这事情就这样决定了""不行，我不同意"等话语。

　　日常生活中，大家常发现一些上司在讲话时，为了强调自己的观点，把手势往下劈。每当这个时候，听者最好不要轻易提出相悖的观点，对方一般也是不会轻易采纳的。平常与同事或朋友三五成群地争论问题，有人为了证明自己的观点，也常用这种手势来否定别人的观点，打断别人的话。

　　善于识别这种手势语言，有助于我们在为人处世中采取适当的态度。

数拨手指增强说服力

　　通常情况下，数拨手指是在说明某些数字和条件时，需要特殊强调，增加其说服力和清晰度而采取的一种手势。

　　"七七事变"后，在全国人民一致主张停止内战，共同抗日的形势下，陈毅前往江西大余与当地国民党政府谈判。当时的情形下，双方气氛十分紧张，陈毅却谈笑风生、机智幽默，表现了一种大智大勇、洒脱从容的气概。他郑重地要求国民党军队给北上抗日的南方游击队让开通道，可对方却不无炫耀和暗示地说，他们的部队人多。陈毅笑着反唇相讥道："你们兵多不愿北上抗日，还要游击队陪着吗？"接着，陈毅侃侃而谈，借题发挥道："我还有个问题不满意，以前在中央苏区的时候，你们悬赏买我的头，花红由三千涨到五万。长征以后，我的头竟由五万降到二百，这不是太瞧不起人了吗？"陈毅边说，边数拨手指，配合着他所说的数字，表现了伟人视死如归的革命乐观主义精神。

　　陈毅在具体说明和强调某些数字时，数拨手指，以增强其清晰度和说服力。我们平时在日常生活中，某领导布置工作，涉及一些数字和条款时，为了不让听者混淆，也常数拨手指；我们在汇报工作时，也常数拨着手指。这样，就显得更有条理一些，不给人一种笼统和混乱之感，从而也能使自己的说话形象更鲜明起来。

睡姿：潜意识透露出的肢体语言

俯卧：强烈自信者

一个人睡觉表现出的姿势，是一种直接由潜意识表现出来的身体语言。通过观察睡姿，可以了解一个人的性格。一个人无论是假装睡觉还是真正熟睡，睡姿都会显示出一个人在清醒时表露在外和隐藏在内的某种思想感情。

采取俯卧式睡姿的人，大多具有很强的自信心，并且能力也很突出。在大多数情况下，他们都能很好地把握住自己。

他们对自己有非常清楚的认识，知道自己是谁，也知道自己该做些什么。对于所追求的目标，他们的态度是坚持不懈，有信心也有能力实现它。

他们随机应变的能力比较强，知道如何调整自己。另外，他们还可以很好地掩饰自己的真实感情，不让别人看出丝毫破绽。

侧卧：漫不经心者

喜欢侧卧的人是个漫不经心的人，不能说这种人对生活不投入，但很多时候他们会做"塘边鹤"，当一个生活的旁观者。

事实上，这种人属于情绪型的人，总是处在情绪的波动中，做事情时感情色彩对他们的影响比较大。

不过，他们也有自己的长处，能很快忘记刚刚遇到的不快，重新做自己的事。

很多人都能与这种人和平共处，他们从不为自己树敌，不仅是个耐心的听众，而且很多时候也愿意作为一个参与者加入到交谈中。

在工作中，这种人一般都有很好的表现。当然，也有大失水准的时候，这跟他们波动的情绪有关。

这种人对自己的内心世界也有较深的了解，深知自己存在的缺点，但并不打算去改变，他们始终认为人无完人，况且现在的生活已经相当不错了。人的欲望是无止境的，他们不愿去做无谓的追求。

独睡：自恋倾向者

喜欢独睡的人无论在生活还是工作中，都是一个独行主义者。他们极度重视自己的私人空间，认为那是神圣不可侵犯的，即使是最亲密的人，也不允许随便闯入。

孤独是这种人的最好伙伴，因此他们从来没有交心的对象。在成长过程中，他们已习惯了独立解决问题，独自应付一切困难。

　　这种人太喜欢独自生活了,他们把自己的感情世界看成是生命的堡垒,从不邀请别人走进他们的内心,更何况是与之倾心交谈。

　　从某方面来说,这种人是带有自恋倾向的人。在生活中,他们完全是一副自给自足的样子,从来不信任任何人。他们并不是认为他人关心自己是有意与自己为敌,只是不想别人干涉自己的私人生活而已。

裸睡:感性生活者

　　裸睡是许多北方人的习惯。喜欢裸睡的人向往自由和轻盈的东西,被束缚了一天的身体已经够辛苦了,当晚上独自回家后,他们就想彻底地解放自己。

　　从这种人的行为中可以感觉到,他们是个靠感性生活的人,一般做事情时,也总是靠感性去做决定。例如,当这种人新结识一个人时,他们不是按照通常的方法去认识这个人,而是凭自己的直觉去判断这个人,看他是否值得自己去结识,所以成功和失败的经验是相差无几的。

　　这就注定这种人会受到他人的指责,在工作和生活中,有人会批评他们缺乏理性,喜欢感情用事。但他们不为所动,认为过多的理性会使人失去很多乐趣。

靠边式:捍卫势力者

　　这种人不善于维护自己的权利或坚持自己的主张,而且他们的理智常否定他们没有依据的感觉。他们常觉得财产和朋友就要被别人抢走了，但理智上知道事实并非如此。看到别人的升迁或进步，他们就认为自己应该努力奋斗，但只要有生存空间，他们就不会反击。即使如此，他们也只是捍卫自己的势力范围而已。

对角式：武断的人

这种人躺在床上的姿势就像一条对角线，表示他是一个相当武断的人。对新事物很敏感，随时掌握情况，喜欢所有事情都在自己的直接控制之下。他不是秘书也不是助理，因为他不相信权力能与他人共享。他处事精明强悍、绝不妥协，坚持的原则是：要么就无条件接受，要么就分道扬镳。

单脚靠边式：规律生活的人

其实，这种人不喜欢睡觉，夜以继日是他少有的偏好。因为他精力充沛，参与的计划太多，以至于没时间休息。尽管如此，他的生活依然很有规律。早上这种人总是在国旗升起之前就已起床；在邻居开门前数小时，他就已经慢跑、吃过早餐，复习了几遍英文单词。

四肢交叉睡姿者

握着拳头睡觉的人比较少，但也并非没有。这种人在睡觉时握着拳头，仿佛随时准备应战，这是心理比较紧张的一种表现。这一类型的人如果把拳头放在枕头或是身体下面，表示他正试图控制这种积极的情绪；如果是仰躺或是侧着睡觉，拳头向外，则有向别人示威的意思。

与握拳睡觉有着相近心理的是双臂双腿交叉睡觉的人，这种人自我防卫意识比较强烈，不允许别人侵犯自己。他们的性格多是脆弱的，很难承受某种伤害。他们对人比较冷漠、内敛，常压抑自己并拒绝真情实感的表现。

婴儿般睡姿和仰睡者

在睡觉时采用婴儿般的睡姿，这一类型的人多是缺乏安全感，比较软弱和不堪一击的。他们的独立意识比较差，对某一熟悉的人物或环境总是有着很强的依赖心理，但对不熟悉的人物和环境则是比较恐惧。他们缺乏逻辑思辨能力，做事没有先后顺序，常常是这件事情已经发生了，却连准备工作还没有做好。他们的责任心不是很强，在困难面前容易选择逃避。

喜欢仰睡的人多是十分快乐和大方的，他们为人热情和亲切，而且富有同情心，能够很好地洞悉他人的心理，懂得他人的需要。他们是乐于施舍的人，在思想上他们是相当成熟的，对人对事往往都能分清轻重缓急，知道自己该怎样做才能达到最好的效果。他们的责任心一般都很强，遇事不会推脱责任选择逃避，凡事没有任何借口，而是勇敢地面对，甚至是主动承担。他们优秀的品质赢得了别人的尊敬，又由于对各种事物能够做出准确的判断，所以很容易得到别人的依赖，也为自己营造了良好的人际关系。

第 5 章

洞悉衣着打扮的秘密

大文豪郭沫若曾说："衣服是文化的表征，衣服是思想的形象。"这句话的意思是说，人可以通过衣着打扮来向外界展示自己。

衣服：性情与品位的折射

穿着打扮看人心

随着人类社会的发展与进步，现在从衣着打扮上判断一个人的难度在无形之中增大了，因为现在的人们提倡张扬个性、不再拘泥于某一种形式，所以不能按照传统标准进行观察和判断。

但也正是由于张扬个性，不拘泥于形式，人们可以更加充分地表现自己的心理状况、审美观点等，从而把握其性格特征。

①喜欢穿单一色调服装的人，这种人是比较正直、刚强的，理性思维要优于感性思维。

②喜欢穿淡色便服的人，多为比较活泼、健谈，并且喜欢结交朋友。

③喜欢穿深色衣服的人，性格十分稳重，显得城府很深，一般比较沉默，凡事深谋远虑，常会有一些意外之举，让人捉摸不定。

④喜欢穿式样繁杂、五颜六色、花里胡哨衣服的人，多是虚荣心比较强、爱表现自己且乐于炫耀的人，他们任性甚至还有些飞扬跋扈。

⑤喜欢穿过于华丽衣服的人，多为具有很强的虚荣心和自我显示欲、金钱欲的人。

⑥ 喜欢穿流行时装的人，最大的特点就是没有自己的主见，不知道自己有什么样的审美观，他们多情绪不稳定，且无法安分守己。

⑦ 喜欢根据自己的嗜好选择服装而不跟着流行走的人，一般是独立性比较强，有果断决策力的人。

⑧ 喜爱穿同一款式的人，性格大多比较直率和爽朗，他们有很强的自信，爱憎、是非、对错往往都十分明确。他们的优点是行事果断，显得十分干脆利落，言必信，行必果；缺点是清高自傲，自我意识比较浓，常常自以为是。

⑨ 喜欢穿短袖衬衫的人，他们的性格是放荡不羁的，但为人却十分随和、亲切。他们热衷于享受，凡事率性而为，不墨守成规，喜欢有所创新和突破。自主意识比较强，常常是以个人的善恶来评判一切。他们虽然看起来有点表里不一，但实际上他们的心思还是比较缜密的，而且任何时候都知道自己要做什么，所以他们能够做到三思而后行，小心谨慎，不至于任性妄为，从而做出错事来。

⑩ 喜欢穿长袖服饰的人，大多数比较传统和保守，为人处世都循规蹈矩，而不敢有所推陈出新。他们的冒险意识在某一方面来讲是比较缺乏的，但他们又喜爱争名逐利，自己的人生理想定得也很高。这类人最大的优点是适应能力比较强，这得益于循规蹈矩的为人处世原则，把他们任意放在哪一个地方，他们都能迅速地融入其中，所以通常会营造出较好的人际关系。他们很重视自己在他人心目中的形象，希望得到注意、尊重和赞赏，从而在衣着打扮、言谈举止等各个方面都会严格地要求自己。

⑪ 喜爱宽松自然的打扮，不讲究剪裁合身、款式入时的衣着的人，多是内向型的。他们常常以自我为中心，不能走进其他人的生活圈子里。他们有时候很孤独，也想和别人交往，但在与人交往中，又总会出现许多

不如意，所以到最后还是以失败告终。他们大多数没有什么朋友，可一旦有就会是非常要好的。他们的性格中害羞、胆怯的成分比较多，不容易接近别人，也不易被人接近。一般来说，他们对团体活动是没有兴趣的。

通过选择衣服的标准看性格

有句俗话叫"人配衣裳，马配鞍"，说的是衣着是人社会性的重要内容，不仅掩饰了人的动物性，更将人在社会中的地位区分得清楚明白。而且，人们在选择衣服的时候会考虑到方方面面，如衣服的款式、年龄、经济条件、用途，等等。

★以节约原则为主的人

这类人在购买衣物时，首先从价格上考虑，然后全力以赴地讨价还价，寸步不让。他们珍惜每一分金钱，即使花一分钱也要计算它的价值；他们会用金钱衡量很多东西和事物，处处考虑金钱利益的得失，所以显得没有丝毫的人情味。

★以讲究原则为主的人

这类人在购买衣服的时候，过度讲求衣物的质地面料、手工和美观大方。他们有求知的热情和自己的人生目标；他们非常清楚自己的价值，懂得为自己争取适合自己的东西；他们的享受是建立在辛勤付出的基础之上的，所以多能实现自己的目标和理想。

★以树立形象为主的人

这类人在选择衣服时，不以自己的喜好来决定，而是考虑能否给他人留下一个美好的印象。他们在乎自己的一举一动，而且努力实现完美，以求在民众心中树立起良好的形象，这是他们相当重视权势和声望造成的。

★ **以思想愉悦为主的人**

这类人不喜欢时尚和流行，对商店橱窗中的展示往往不屑一顾，那些既简单又保守的衣服才是他们的最爱。他们不在乎物质上的享受，对旁人的评头论足也视若无睹，只重视精神上的富足，为了买到理想中的衣服经常会耗费很多精力和时间。

★ **以唯美原则为主的人**

这类人在购买衣物时只要求好看，其他的如价格、质地和面料都是次要的。他们对一切美的事物都有十分灵敏的感受，以视觉美为最高的目标；喜欢吹嘘，不注重实际，所付出的努力往往归于昙花一现，有所成就的机会很渺茫。

★ **以实用原则为主的人**

这类人穿衣仅是为了保暖，款式与时尚都是次要或无关紧要的。他们的消费很低，会省下很多的钱，属于持家类型；性情忠厚，有着菩萨心肠，往往悲天悯人，乐善好施，乞丐上门也经常会受到款待。此类人以中老年居多。

通过选择衣服的颜色看性格

一般来说，在选择服装色彩的时候，人们多少会受到自己性格的影响。因为每个人服装的色彩，总是和自己当时的心理活动状态有着一定的联系。所以，从每个人所喜爱的颜色上可以看出他具有什么样的性格特征。

★喜欢穿白衬衫的人

他们的性格特征是缺乏主动性、判断力、羞耻心。他们在色彩感觉上、装扮上都非常优秀；与之相反，无论是什么服装，只要穿上白衬衫都能相得益彰。白色确实与任何颜色的衣服都能搭配组合，而白色也是表示干净的颜色。

白色与任何颜色都能搭配的优点，当然也能给人一种亲切感，但这种形态的人"穿什么都可以"，就是说对衣服不受拘束，在性格方面是属于爽直派的。关于穿白衬衫的职业者，如裁判官、医生、护士、机关的职员等各行各业的人，当你看到对方的第一印象都是缺乏感性，尤其在感情方面和爱情方面，但有这种感觉是不可思议的。

★喜欢蓝色、蓝紫色服装的人

他们大多数是精神病或者精神分裂症，其性格特征是缺乏决断力、实行力。这类人说话比较啰唆，缺乏羞耻心和责任感，而且不善于表达自己的情感，是自尊心很强烈的人。

如果想接近喜欢这类色彩服装的人，应逐渐按部就班，并投其所好。同时，在这种人面前不能说别人的坏话。

★喜欢穿黑色服装的人

有的人说，穿黑色衣服使人精神紧张；也有人说，黑色服装是仅仅能在结婚、丧葬及祭祀的仪式中穿的服装。一般来说，喜欢红白明显色彩的人，同时也喜欢黑色系统的服装。

★喜欢红色服装的人

他们是冲动的、精神的、很坚强的生活者。红色是在虚张声势时所选择的颜色。

★喜欢紫红色服装的人

这种颜色一般是在无法冷静、无法客观分析自己的时候选择的。

★喜欢桃红色服装的人

这种颜色是保持漂亮时所选择的，这种人的特征是举止优雅、行为端庄。

★喜欢青绿色服装的人

这种颜色是在喜欢有纤细感觉的心理状态下选择的。

★喜欢紫色服装的人

这种人一般具有保持神秘、自我满足的艺术家的气质，喜欢别出心裁。

★喜欢褐色服装的人

这类人在选择褐色服装时，当时的心理状态很踏实。

★喜欢白色服装的人

这种颜色通常是在缺乏感动性、决断力、实行力、不知所措的心理状态下所选择的。

★喜欢黄绿色服装的人

这种颜色是在缺乏兴趣、交际狭窄、缺乏纤细心情的时候选择的。

★喜欢灰色服装的人

这种颜色是在缺乏主动性的时候，自己没有勇气面对困难的心理状态下所选择的。

★喜欢浊紫红色、暗褐服装的人

这种颜色是在非社交场合的时候、不喜欢表露心情的时候所选择的。

★喜欢橄榄色服装的人

人们在选择橄榄色时，当时的心理状态一般是处于被抑制的状态或歇斯底里的状态。

★喜欢绿色服装的人

这种人一般喜欢自由，有宽大的胸怀，绿色是其在抱有希望、没有偏见的心理状态下选择的颜色。

★喜欢橙色服装的人

一般是在无法独居时，对人生意欲强烈的时候所选择的服装颜色，这种人雄辩、开朗、口才好，并喜欢幽默。

★喜欢黄色服装的人

这是在使别人感觉自己有智慧、有纯粹高洁心灵时，选择的颜色。

通过 T 恤的选择看性格

当今，T 恤已经成了夏日里最普遍且最受欢迎的服装，男女老少皆宜。在过去，T 恤只是用来保暖和吸汗的内衣，但现在已演变成了一面公众告示牌，自己可以任意在上面留下或记录各种情绪和想法。所以，选择什么样的 T 恤可以更直观地看出一个人具有什么样的性格。

①习惯选择没有花样的白色 T 恤的人，多是一些比较独立的人，他们不会轻易向世俗潮流低头。他们一般都会具有一定程度的叛逆性，但表现的形式往往不是特别明显与恰当。

②喜欢选择没有花样的彩色 T 恤的人，自我表现欲望并不是十分强烈，他们甚至可以甘于平庸和普通，做一个默默无闻的人。他们多数比较内向，不喜欢张扬，而且富有同情心，在自己能力许可的范围内，会去关心和帮助他人。

③喜欢在 T 恤上印上自己名字的人，思想多数是比较开放和时尚前

卫的，能够很轻松地接受一些新鲜的事物，他们对一些陈旧迂腐的老观念多是持排斥的态度。他们的性格比较外向，喜欢结交朋友，为人真诚、热情，所以通常会有良好且不错的人际关系。他们的自信心挺强的，有一定的随机应变能力，在不同的情况下，能够随机应变地找到应对策略。

④喜欢 T 恤上印有各种明星的画像及与之有关的东西的人，多属于追星族，他们对那些人十分崇拜，并且希望自己有朝一日能像他们一样。他们很乐于向别人表达自己的这种心理，并希望能够引起他人的共鸣。

⑤喜欢在 T 恤上印有一段幽默标语的人，多具有一定的幽默感，而且很聪慧。另外，他们也具有很强的表现欲望，希望能够引起别人的注意。

⑥喜欢穿印有学校名称或大企业的标志装饰的 T 恤，这种类型的人一般比较希望他人知道自己的身份，并且对自己所在的单位和企业具有一定的感情。他们希望能够以此为载体，吸引一些志同道合的人。

⑦喜欢穿印有著名景点的风景的 T 恤，这一类型的人对旅游总是很有兴趣。他们的性格多是外向型的，对新鲜事物的接收能力很强，而且具有一定的冒险精神。自我表现欲很强，希望把自己所知道的一切都传达给他人。

通过鞋子的选择看性格

鞋子，并不像人们所想象的那样，单纯地起到保护脚的作用，这只是一方面而已。在观察他人的鞋子时，人们除了注意其美观大方外，还可以通过它对一个人进行性格的观察。

★始终穿着自己最喜爱的一款鞋

这样的人思想属于相当独立的，他们知道自己喜欢什么、不喜欢什么，十分重视自己的感觉，而不会过多地在意他人的看法。他们做事一般比较小心谨慎，在经过仔细地考虑之后，要么不做，要么就全身心地投入，把它做得很好。他们很重视感情，对自己的亲人、朋友、爱人的感情都是相当忠诚的，不会轻易背叛。

★喜欢穿没有鞋带的鞋子的人

这类人并没有多少特别之处，穿着打扮和思想意识都和绝大多数人差不多。但他们比较传统和保守，中规中矩，追求整洁，表现欲望不强。

★喜欢穿细高跟鞋的人

穿细高跟鞋，脚在一定程度上是要受些折磨的，但爱美的女性是不会在意这些的。这样的女性，表现欲望是很强的，她们希望能引起他人和异性的注意力。

★喜欢穿运动鞋的人

喜欢穿运动鞋说明这是一个对生活持积极乐观态度的人，他们为人较亲切自然，生活规律性不强，比较随意。

★喜欢穿靴子的人

他们自信心并不是特别强，而靴子却在一定程度上能为他们带来自信。另外，他们很有安全意识，懂得在适当的场合和时机将自己很好地掩蔽起来。

★喜欢穿拖鞋的人

他们是轻松随意型的最佳代表，只遵循自己的感觉和感受，并不会为了别人而轻易地改变自己。他们很会享受生活，绝对不会苛刻强求自己。

★喜欢穿远足靴的人

在工作上投入充足的时间和精力，他们有很强烈的危机感，并且时刻做好了准备，准备迎接一些可能突然发生的事情。他们有较强的挑战性和创新意识，敢于冒险，喜欢向自己不熟悉的未知领域挺进，并且有较强的自信，相信自己能够成功。

★喜欢穿露出脚趾的鞋子的人

喜欢穿露出脚趾的鞋子，这样的人多是外向型的人，而且思想意识比较先进和前卫，浑身上下充满了朝气和自由的味道。他们很乐于与人结交，并且能做到拿得起放得下，比较洒脱。

妆容："化"出女人的魅力

淡妆、浓妆代表不同的欲望

有的人喜欢淡妆，此类人大多没有太强的表现欲望，希望最好谁也别注意她们。她们只要求能过得去，简单地涂抹一下使自己不至于特别难看就行。这类人大多属于聪明和智慧的类型，不会将时间和精力耗费在梳妆台前；往往有着自己的想法与思考，而且敢打敢拼，所以较多人能获得成功；拥有秘而不宣的秘密，甚至珍藏一生也不会向他人透露；最希望得到别人的尊重，对她们的难言之隐给予支持和理解。

相反，有的人则喜欢浓妆。与喜欢淡妆的人相比，这类人表现欲望十分强烈。她们不辞辛苦地将各种化学药剂喷洒在自己的脸上，并忍受痛苦用各种工具修饰五官，为的是用一种极端的方式引起他人的注意，而异性的欣赏往往使她们心甜如蜜。前卫和开放是她们的思想特征，她们对一些大胆和偏激的行为大多保持赞赏的态度。她们真诚、热忱，一些恶意的指责并不能使她们受多大的伤害，但她们对他人依然很尊重。

自然、时尚代表不同的性格

女性在约会的时候，或者工作上有重要的提案要进行的时候，化的妆应该比平常要浓吧？这可以说是充满干劲儿的"决胜负彩妆"。心理学家研究表示，化比平常浓的彩妆，会提高自信心与满足感，变得活跃、具攻击性，也会变得较具社交性。决胜负彩妆似乎真的具有效果，但奇怪的是，化这种妆同时也会变得情绪不安，这是因为"和平常的自己不同"，所以会感到不安。

最容易影响别人印象的是脸孔，而眼睛扮演了尤其重要的角色，唇部也会给人十分深刻的印象。

眼睛给别人的印象取决于眉形与眼线。眉毛描绘成细细的弧形，再画鲜明的眼线，就会给人华丽的感觉，在漂亮气派的餐厅里约会时很适合化这种妆。口红使用玫瑰色系的，上唇唇山的部分仔细描绘出锐角，能够加强华丽的印象。

平直上扬的眉形，以深色醒目的眼线，配上强调唇线的深红色的唇，会给人意志极为坚强的印象。不是华丽，而是利落感，给人一种强烈的积极感与坚决强硬的感觉。

这种强硬感的妆，在提案会议、报告或发表意见时，可以做你的后盾。即使实际上自己是很紧张的，也能隐藏住这种情绪，无论是在言语上还是动作上，都能令你看起来充满自信。

自然往上扬，但尾端却突然往下的眉形，营造出俏丽可爱的形象。画上淡淡的眼线，口红涂得比实际的嘴唇轮廓大一些，然后再迅速地回眸一笑，就能给人留下魅力十足的印象。跟喜欢的男性朋友约会时，很适合化这种妆。在看似冷淡的气氛中，偶尔散发出带点俏皮的性感，就是最完美的表现了。

特殊妆容背后的秘密

★异国妆和怪妆

异国妆是外国流行的妆；怪妆则是没有一定模式和规范，甚至与化妆的本意相悖的妆。这两种化妆者化妆的目的是不同的，因而化妆所起到的效果也就有了很大的差异。

喜欢化异国色彩比较浓重的妆的人，多是有比较丰富的想象力的，身体内有很多艺术细胞，希望自己将来能够成为一个艺术家。她们向往自由，渴望过一种完全无拘无束的生活。她们常常会有许多独特的、让人诧异的想法，是个完美主义者。

喜欢化怪妆的人也清楚自己并不是在追求什么美丽，她们只是把这种妆当成宣泄的一种方式。一般来说，她们具有强烈的反抗心理，主要是自小受到家庭的溺爱，总是要求说一不二，而现实生活只会令她们失望，所以用一些非常规的思想和行为与社会分庭抗礼，但往往是失败多于成功。

★怀旧妆和完美妆

怀旧妆是指某些人将自小形成的那套化妆理论和方法延续到成年，甚至中年和老年。其实是对美好过去的一种回忆，以期忘记现实中的不愉快和不如意，但她们依然保持头脑清醒，不会沉迷其中而忘记现实。她们讲究实际，会极力把握住现在的所有。她们热情善良，善解人意，拥有很多可以推心置腹的朋友。由于善于满足，从而导致她们难以享受时代发展带来的刺激和美好。

与怀旧妆的人不同的是，完美妆的人追求的是尽善尽美。她们为了完成自己的目标不惜花费巨大代价，任何事情都会追求尽善尽美，属于典型的完美主义者。这种类型的人甚至倾尽所有也要使自己的容貌达到自己满意的程度。之所以如此，最主要的是她们对自己的才智和财力都有充足的把握，而唯一放心不下的是自己的外貌。为了成为一块无瑕美玉，只好不停地审视自己，用化妆来掩饰不足，结果却让别人感到不自在。

头发及发型隐藏的性格

在足球场上，大家时常可以看到运动员各种各样稀奇古怪的头发，并为此津津乐道。不过，不同的发型往往表现人的不同个性。

★女士的头发

与男士相比，女士的发型若要详细分析起来，则显得较为复杂。

女性若留着飘逸的披肩发，则说明她比较清纯、浪漫；若留的是齐眉的短发，则这类人显得天真活泼、无忧无虑；烫成满头卷发，代表这个人较有青春的活力，或多或少地充满着野性。

女性把头发梳得很短，并让它保持顺其自然的状态，说明这个人比较安分守己，甚至是封闭保守的；如果她把头发打理得很整齐，但并不追求某种流行的款式，则表明她可能是比较含蓄，但有较强烈的自主意识的人；在自己的发型上投入很多的精力，力争达到精益求精的程度，说明这是一个自尊心比较强、追求完美、爱挑剔的人。

①头发像钢丝，又粗又硬，而且又浓密。这样的人疑心多且重，不会轻而易举地相信别人。她们最信任的就是自己，所以凡事都要自己动手，操纵和掌握一切才觉得放心。她们做事很有魅力，而且组织能力比较强，具有一定的领导才能。这一类型的人，理性的成分要大大地多于感性，所以遇到涉及感情方面的问题时，往往会显得十分笨拙。

头发很粗，但色泽很淡，而且质地坚硬，很稀疏，这一类型的人自我意识极强，刚愎自用，往往不听别人的劝告。她们不甘心被人领导，却渴望能够驾驭别人。她们多较自私，缺乏容人的度量。一般来说，这一类型的人头脑比较聪明，可是她们的目光又比较短浅和狭窄，只专注于眼前，看不到长远的利益，所以不会有太大的成就。

②头发柔软，却极稀疏。这一类型的人，自我表现欲望比较强，她们喜欢出风头，更爱与人辩论，以吸引他人的注意，获得他人的关注。在她们的性格中，自负的成分占了很大比例，她们妄自尊大，很少把他人放在眼里，尽管自己在某些方面表现得确实很糟糕。

她们做事的时候，多缺少必要的思考，所以常会做出错误的判断，而且还容易疏忽和健忘。

③头发浓密粗硬，却能自然下垂。这种人从外形上来看，多半身体比较胖，而且也显得比较慵懒，不喜欢运动，但是她们的心思多比较缜密，往往能够观察到特别细微的地方。她们的感情较为丰富，容易动情，但对感情不专一。

★男士的头发

男士不管是留长发、剃光头，还是其他各种各样比较特别的发型，其都有一个普遍的共同点，那就是标新立异，想别出心裁地突出自己，增加自身的魅力。

①头发淡疏，粗硬而卷曲。这一类型的人，多数思维比较敏捷，而且善于思考，并且有很好的口才，能够很容易地说服别人。他们的性格弹性比较大，可以说是能屈能伸，适应性很好。但他们的屈和伸，又是在坚守一定的原则和基础之上进行的，所以无论外在的东西如何多种形式地变化，其内在总有一些稳定不变的东西。

②头发浓密柔软，自然下垂。这种类型的人，大多性格比较内向，沉默不语，善于思考。从某种程度上说，他们具有很强的耐性和韧性，这一类人所从事的事业多是和艺术方面有关的。

③头发自然向内卷曲，如烫过一样。这一类型的人，脾气大多比较暴躁，而且疑心比较重，总是患得患失地在犹豫和矛盾中挣扎。除此之外，嫉妒心还比较重。

④发根弯曲，发梢平直。这一类型的人多自我意识比较强，讨厌被人约束和限制，不会轻易地向他人妥协。

⑤让自己的发型处于自然状态，并且长时间地保持。这一类型的人总是喜欢怨天尤人，却从来不从自己身上寻找原因，更不会付诸行动努力去寻求改变。他们很多时候容易向别人妥协，所以很多行动并不是真正地发自内心想做的。

⑥头发长长的、直直的，看起来显得非常飘逸和流畅。这种人的性格大多界于传统与现代之间，他们既含蕴世故，又大胆前卫，但要视情况而定。他们通常有很强的自信心，对成功的渴望很迫切。

⑦头发很短，看起来很简洁，而且也极为方便。这一类型的人，大多是野心勃勃，他们的生活总是被各种各样的事情占据着。他们在内心很想把这些事情做好，但实际上往往什么也做不好，因为他们缺少必要的责任心，在遭遇困难和面对挫折的时候，往往会选择逃避现实，而不是勇敢面对。

饰品：看穿人心的媒介

佩戴各种装饰品，在古今中外都有着相当长的历史，这是人类审美意识觉醒以来最传统的一种装饰行为。这种行为不仅为人们增添了无尽的风采，而且可以将人们的身份喜好区分得清清楚楚，同时还体现了人们对生活目标的追求和审美时尚的选择。

有人认为，佩戴饰品还具有"延长自我"的特点，饰品时刻都在传递着人们的性格、性情和情绪等信息。试想，如果一个人的形象和代表"自我延长"的饰品成反比，就会给人留下"不完整人格"的印象，所以根据服饰来判断一个人的性格是有章可寻的。

帽子戴出人的特色

帽子不仅仅只有御寒遮阳的功能，它还是一种戴着美观、给人树立形象的东西。世界各地都在生产各式各样的帽子，出入任何一家娱乐场所、大型酒楼餐馆，都会看到衣帽间的牌子，这说明帽子对于一个人来说，有着十分重要的用途。它可以帮人建立某种形象，使人的个性在众人面前得以展现。

★ **爱戴礼帽的人**

这类人都认为自己稳重且具有绅士风度，他们的愿望是让人觉得自己有沉稳和成熟的风格，在别人面前经常表现得非常热爱传统。除帽子外，这种人所穿的皮鞋在任何时候都擦得锃亮，而且所穿的袜子也一定会给人以厚实的感觉。即使是炎热的夏季，他也会拒绝穿丝袜，同时讨厌穿着凉鞋和拖鞋走路。由于他们看不惯很多东西，所以他们有些自命不凡，认为自己是个干大事的人，进入任何一个行业都应该是主管级的人物。

★ **爱戴旅游帽的人**

旅游帽既不能御寒也不能抵挡太阳的照射，纯粹是作为装饰之用。用这种帽子来装扮自己，以折射某种气质或形象；或者戴上它另有一些企图，用来掩饰一些自己认为不理想或者有缺陷的东西。

从这些表现出来的特点看，爱戴旅游帽的人并不是一个心地诚实的人，而是个善于投机取巧的人，因此真正了解他的人少之又少，而一般人所看到的只是他的外表。

★ **爱戴鸭舌帽的人**

一般有点年纪的人才戴鸭舌帽，鸭舌帽表现出稳重、办事踏实的形象。如果男人戴这种帽子，那么他会认为自己是个客观的人，从不虚华，面对问题时，能从大局着想，不会因为一些旁枝末节而影响整个大局。有时候他自以是个老练的人，在与别人交往时，就算对方胸无城府，他还是喜欢与别人兜圈子，直到把对方搞得晕头转向，也不直接说出自己的心思。

★ **爱戴彩色帽的人**

爱戴彩色帽的人非常清楚在不同的场合，不同颜色的服装，应该佩戴不同色彩的帽子，说明他是个天生会搭配且衣着入时的人。

　　这种人喜欢彩色鲜艳的东西，对时下流行的东西非常敏锐。每当出现新鲜玩意儿，他总是最先尝试，希望人家说他的生活过得多姿多彩，懂得享受快乐人生，并且总是以弄潮儿的身份走在时代前列。

　　同时，这种类型的人也是个害怕寂寞的人，因为他精力旺盛、朝气蓬勃，那颗不甘寂寞的心，总是使他躁动不安。他会经常邀请伙伴们一起去各种地方尽情玩耍，每当结束时，那种曲终人散的寂寞滋味就会油然而生。

　　★爱戴圆顶毡帽的人

　　爱戴圆顶毡帽的人对任何事情都产生兴趣，但从不表达自己的看法，即使有看法也是附和别人的论点，好像自己没有什么主见似的。

　　他确实如此，但并不是没有主张，只不过是个老好人，不愿随便得罪任何人，哪怕是个毫不起眼的人。

　　从本质上讲，这种类型的人是个忠实肯干的人，他相信只有付出才有收获的道理。在他平和的外表下，有自己执着的观点，他相当痛恨不劳而获的人，相信君子爱财取之有道，对不义之财从来都是敬而远之。

耳环是透视性格的物品

　　经过长期观察、研究，心理学家终于发现，不同性格的人对不同形状的耳环有着特别的喜好，这其实反映出人们希望借此寻求一种内心世界与外在美的协调。例如，活泼好动的女性，通常会选择小巧、呈几何图案的明快型耳环；而温顺柔和的女性，则喜爱富于曲线美或流线型的耳环。

　　★圆形

　　喜欢圆形款式耳环的女性比较传统，家庭观念强，有一定的依赖性，但比较知足，性格恬静。性情温和、亲切、平易近人，具有强烈的责任感。

★椭圆形

钟情于椭圆形款式耳环的女性，具有较强的独立性和创造性，无论是在生活中还是在事业上，都显得与众不同，往往能得到上司的欣赏和重用。

★心形

性情细致，体贴入微，而且浪漫活泼，感情丰富，富于女人味。同时也热情大方，乐于助人，对爱情执着，具有很强的社交能力。

★方形

偏爱长方形或方形款式耳环的女性，生活严肃认真，做事井井有条，坦诚、坚强。处事也很沉稳，具有很强的洞悉能力，理智行事，精力充沛。

★梨形

选择此款式耳环的女性，多为追求时尚的现代女性，容易接受新鲜事物，勇于探索，具有较强的适应能力。禀性坦诚、外向，能尊重他人。

★橄榄形

偏爱橄榄形款式耳环的女性具有很强的事业心，大胆外向，喜欢接受挑战。具有独创性，喜欢标新立异，追求刺激，不易受人影响。

美国纽约著名的心理学家伊莉尼医生认为，通过女性佩戴的耳环不仅能看出她的爱好和眼光，还可以反映出她的性格。

★金耳环

戴金耳环的人，往往是一个颇有自信心、性格外向并对人友善的人。有欣赏好东西的口味，但性格不太外向，注意约束自己，不是一个态度随便的人。

★银耳环

喜欢戴银耳环的是一个有秩序的人，做事喜欢按照事先制订好的规则，尤其是每天的例行工作，而不喜欢突然使人惊奇。

★家传耳环

有些女性喜欢戴家传耳环、旧式耳环，而不是去买现代的耳环，身上绝无新潮的耳环。这类人是热爱家庭、忠于家人的，对朋友也非常忠诚。

★显眼的耳环

喜欢戴很大的耳环，大多是无忧无虑的人，很有幽默感，喜欢在众人中突出自己。受人欢迎，也乐于助人，善于与人相处。

★艺术品耳环

有人喜欢买手工做的耳环，或是自制的耳环，每件都是与众不同的，这类人具有创造性。如果向文艺或戏剧方面发展或从事建筑工作，肯定会有所成就。

★宗教耳环

有人爱戴一个小十字架或其他宗教意味的小耳环，这类人有深切的内在力量，对自己的素质引以为荣。为人是实际的，绝无花架子，不希望有炫耀成分的耳环在身上，更不戴假耳环。

★假耳环

耳朵上成串的红宝石、绿翡翠，其实全是赝品。这种人把自己的外貌放在非常重要的地位，对生活的要求也很高，喜爱精品，即使是假的。

★不带耳环

这种人很实际，并不准备在他人心目中建立自己的印象。她可能是个注意内在的人，不重视外表，绝不是没钱购买耳环。

眼镜是心灵的窗户

眼镜最初是为了矫正近视或保护眼睛而使用的工具，但今天它早已超出了其原本的使用概念，成了具有多种功能且具有装饰意义的大众用品。除了矫正视力、过滤阳光、遮挡风沙等使用价值外，有的人佩戴眼镜，甚至就是为了美观或制造一种气质。

接下来，我们针对佩戴不同形式眼镜的情况谈谈不同人的性格特点。

★戴黑胶边眼镜者

这类人希望表现出稳重及成熟的风格。在他人面前，他们通常表现得热爱传统。一般来说，他们自视甚高，可惜他们保守且缺乏冒险精神，因此成就不大。这种人对朋友彬彬有礼，但是这样形成的友谊没有深度。

★戴金丝边眼镜者

这类人希望当他人评价自己的时候，认为他们除斯文之外，还有着学者的风范。他们喜欢追赶潮流，给人一种很现代的感觉。

此外，这种人十分注重自己的外表，尤其是当他们与朋友约会时，必定穿着光彩，同时在言语之间，还会暗示自己是个有身份的人。在跟人家讨论问题的时候，这种人喜欢发表一些独特的见解，以表示自己与众不同。

★戴无边眼镜者

常戴无边眼镜的人认为自己是个客观的人，在面对所有问题的时候，都能够从大体着想，不会因为一些细节而影响大局。

这种人总觉得自己善于用计，因此与人交往时，他们总喜欢兜圈子。其实，他们害怕被人伤害，所以千方百计不让别人接触他们内心的真实世界。

领带打出男人的个性

西服，自诞生之日起就成为男人服饰中的佼佼者，而且这个地位一直到今天都没有动摇。正式的西装有单排扣和双排扣之分，每一个男人都可以依据自己的喜好进行选择，而且不用花太多精力。但是，有一件辅助饰物却让男人大伤脑筋，那就是领带的打法和色彩的搭配。

领带的作用类似于女士们的丝巾，但男人的行事原则和人品秉性可以完完全全地展现在领带打法及颜色的搭配上。若仔细观察周围的男人，便不难发现他们"本色"的蛛丝马迹！

★领带结又小又紧的人

如果有这种喜好的男人若身材瘦小，则说明他们是有意凭借小而紧的领带结，让自己在他人匆忙的一瞥中显得"高大"一些。如果他们并无体形之忧，则说明是在暗示别人最好别惹他们，他们不会容忍别人对自己有半点儿轻视和怠慢，这是气量狭小的表现。由于在生活和工作中谨言慎行，疑心甚重，他们养成了孤独的性格。凡事总是先想到自己，热衷于物质享受，对金钱很吝啬，一毛不拔，几乎没有什么人愿意和他们交朋友，他们也乐于一个人守着自己的阵地，孤军奋战。

★领带结不大不小的人

先不考虑领带的色彩和样式，也不管长相和体形如何，男人配上这种领带结，大都会容光焕发，精神抖擞。他们可以获得心灵上的鼓舞，会在交往过程中注重自己的言谈举止，所以不管本性如何，都显得彬彬有礼，不敢轻举妄动。由于认识到领带的作用，他们在打领带结的时候常常一丝不苟，把领带打得恰到好处，给人以美感。他们安分守己，把大部分的时间放到工作中，勤奋上进。

★领带结既大又松的人

领带的作用是使男人更加温文尔雅，但打这种领带结的男人所展现的风度翩翩绝不是矫揉造作出来的，而是货真价实，是他们丰富的感情所展现出的风采。不喜欢拘束，积极拓展自己的生活空间，主动与他人交往，练就高超的交往艺术，在社交场合深得女人的欢心和青睐。

★领带绿色、衬衫黄色的人

绿色象征生命和活力，是点缀大自然最美妙的颜色；金色代表收获和金钱，是财富与权势的象征。这样搭配领带和衬衫的男人富有青春活力与朝气，想什么就做什么，不喜欢拖泥带水，对事业充满信心。不过，有时鲁莽冲动，自控能力比较差。

★领带深蓝色、衬衫白色的人

"蓝领"代表职工阶层，"白领"代表管理阶层，他们将两者融合到一起，上下兼顾，少年老成，同时不乏风度翩翩。由于视野宽阔，白领的诱惑远远超过蓝领，所以他们对工资十分关注，事业心极重，结果在奋斗过程中常常出现急功近利的表现。

★领带多色、衬衫浅蓝色的人

五彩缤纷是人们对美好事物的形容，充满了迷离和诱惑，普通人和勤奋的人往往对此敬而远之。所以选择这种领带和衬衫的人拥有一股市井气息，热衷于名利；路边的野花繁多美丽，常常使他们心猿意马，见异思迁的他们对爱情往往不能专一，追逐的目标总是换了一个又一个。

★领带黑色、衬衫白色的人

黑白分明是对于阅历丰富之人的形容，所以喜欢这种打扮的人多为稳健老成之士。由于看得多，感悟也会多，他们懂得什么是人生的追求；善于明辨是非，相信"善有善报、恶有恶报"，正义在他们身上得到了最大的展现。

★**领带黑色、衬衫灰色的人**

不用看他们的表情如何，仅这种打扮就让人有种不舒畅的感觉。他们在穿着之时必先照镜子，能够接受镜中的压抑则说明他们有很深的忧郁，而这份忧郁是气量狭小所致，他们选择这身打扮，正是为了掩盖这个缺点。在工作中，老板考虑到其他员工的情绪，常常请他们卷铺盖回家，所以他们也经常变换工作。

★**领带红色、衬衫白色的人**

红色象征火焰，代表奔放的热情，更是一种积极和主动的表现，所以男人选择红色领带，无异于想追逐太阳的光辉，以使自己成为注意的焦点。他们本应该属于充满野心的类型，但白色代表纯洁，是和平与祥和的象征，白色衬衫让别人对他们刮目相看，犹如看见他们纯洁的心灵。

★**领带黄色、衬衫绿色的人**

用辛勤的耕耘换取丰硕的收获，按照理想设计自己生活和人生，并勇于实施，他们流露出的是诗人或艺术家的气质。他们相信付出就会有回报，所以不会杞人忧天地担心秋后是否会因为意外的暴风雨而颗粒无收。他们与世无争，保持柔顺的性情，对人非常和蔼可亲。

手表窥探时间背后的天性

"一寸光阴一寸金，寸金难买寸光阴。"这是在说时间的宝贵。时间在不知不觉悄无声息中流逝，不同的人对此会有不同的感受。有的人视若无睹，而有的人则表示深深的惋惜，然后充分利用每一分钟去做一些有意义的事。一个人对待时间的看法，很大程度上是由人的性格决定的，而时间对人具有什么样的影响，很多时候又能通过所戴的手表传达出来。这两者之间有着非同一般的关系，下面就针对这一点进行说明和介绍。

★喜欢戴电子表的人

有一种新型的电子表，只要按一下显示时间的键，就会出现红色的数字，如果不按则表面上一片漆黑，什么也看不见。喜欢戴这一类型手表的人，大多是有些与众不同的地方。他们独立意识非常强，从来不希望受到他人的控制和约束，而是自由自在、无拘无束地去做自己想做且愿意做的事情。他们善于掩饰自己的真实情感，所以一般人不能轻易走近他们的内心、了解他们。在别人看来，他们是特别神秘的，而他们自己也非常喜欢这种神秘感，乐于让他人对自己进行各种猜测。

★喜欢液晶显示型手表的人

这类人在生活中大多比较节俭，知道如何精打细算。他们的思维比较单纯，对简捷方便的各种事物比较热衷，但对于太抽象的概念则难以理解。他们在为人处世方面，大多持比较认真的态度，不会显得特别随便。

★喜欢戴闹钟型手表的人

他们大多对自己要求特别严格，总是把神经绷得紧紧的，一刻也不能放松。这一类型的人虽算不上传统和保守，但他们习惯于按一定的规律和规定办事，在争取成功的过程中任何一件事都是以相当直接而又有计划的方式完成的。他们非常具有责任心，有时候会刻意地培养和锻炼自己在这方面的能力。除此之外，他们还有一定的组织能力和领导才能。

★喜欢戴具有几个时区手表的人

这类人多是有些不现实的，他们有一定的聪明和智慧，但一切都止于想象而已，不会努力付诸实践。做事常三心二意，这山望着那山高。在一些责任面前，常以逃避现实的方式面对。

★喜欢戴古典金表的人

他们多是具有发展眼光和长远打算的人，绝对不会为了眼前一些既得利益而放弃更有发展前途的事业。他们心思缜密，头脑灵活，往往有很好的预见力；他们的思想境界比较高，而且非常成熟，凡事看得清楚透彻；他们有宽容力和忍耐力，又很重义气，能够与家人朋友同甘共苦、生死与共；他们有坚强的意志力，从来不会轻易向外界的一些困难和压力低头。

★喜欢怀表的人

这类人对时间具有很好的控制能力，虽然他们每天的生活都是忙忙碌碌的，但并不是时间的奴隶，而是懂得如何在有限的时间里让自己放松并寻找快乐。他们善于把握和控制自己，适应能力非常强，能够很好地调整自己的心态；他们多有比较强的怀旧心理，乐于收集一些过去的东西；他们言谈举止高雅，可以表现出一定的文化修养；他们有比较浓厚的浪漫思想，常会制造一些出人意料的惊喜；他们为人处世具有耐心，很看重人与人之间的友情。

★喜欢戴上发条的表的人

喜欢戴上发条的表，这一类型的人独立意识比较强。他们自给自足，很多事情都坚持一定要自己动手。他们乐于做那些可以马上见到成果的工作，如干一次体力活。他们最看重的是自己所获得的那种成就感，但在这个过程中，他们又不希望一切都是轻而易举就获得的，这样反而没有了意义和价值。他们并不希望得到他人过多的关心和宠爱。

★喜欢戴没有数字的表的人

戴没有数字的表，这一类型的人抽象化的理念较为强烈，擅长于观念的表达，而不希望什么事情都说得十分明白。他们很在意对一个人智力的锻炼和考验，认为把一切都说得太明白就没有任何意义了。他们很喜欢玩益智游戏，而且他们本身就是相当聪明和智慧的，但对一切实际的事物似乎并不是特别在乎。

★喜欢戴设计师专门为自己设计的手表的人

他们大多非常在乎自己在他人心目中的形象和地位，并且可以为了迎合他人而改变自己。他们时常会大肆渲染、夸张一些事情，以证明和表现自己，吸引别人的注意。

★不戴手表的人

不戴手表的人，大多有比较独立自主的性格，他们不会轻而易举地被他人支配，只喜欢做自己想做且愿意做的事情。他们的随机应变能力比较强，能够及时地想出应对策略，而且非常乐于与人结识和交往。

戒指探索内心世界的武器

人的一双手在生活中起着至关重要的作用，它在无形之中会向人泄露许多秘密，除了手的形状、特质外，还与佩戴的饰物有着密切的关系。

戒指是手上最常见的一种饰物，接下来就介绍一下戒指与人性格之间的关系。

★戴结婚戒指的人

如果一个人戴的是结婚戒指，那么这枚戒指越大越华丽，则表明这个人的自我膨胀感和表现欲望越强烈。如果戒指是紧紧地套在手指上，则表明他对人非常忠诚。

★**戴刻有家庭标志的戒指的人**

这类人对家庭是特别重视的，而且也有表现、证明是这一家族成员的心理。

★**戴代表自己生辰标志的戒指的人**

他们大多很想让他人了解和注意自己，同时也非常想去了解他人，并且会给予他人一定的关注。

★**戴钻石戒指的人**

他们愿以此引起他人的注意，常会为自己所取得的成就沾沾自喜，而且还有一点骄傲自满，常常陶醉在过去的美好意境中。

★**戴风信子玉的人**

他们大多非常在乎自己的外在形象，却忽略了内在的修养，所以虽然外表看起来很有魅力，但实质则是腹中空空。他们多有较丰富的想象力，而行动的指导则常是一时的心血来潮。

★**戴小戒指的人**

乐于戴一枚小戒指的人，大多都有比较丰富的想象力和突出的创造力，只是这些东西通常不适合生活，他们常怀着非常迫切的心情想向他人说明自己的想法。他们的生活态度相对比较积极，在很多时候知道该如何适当地表现自己。

★**戴手工戒指的人**

手工戒指多是非常独特和复杂的，对这种戒指情有独钟的人，他们的性格大多也是如此。他们也有较强烈的表现欲望，为了让他人认识和注意自己，他们可能会花费很大一番心思。他们喜欢标新立异，树立自己独特的风格，并且有十足的信心认为一定会成功。

★从来不戴戒指的人

从来不戴戒指的人，他们并不喜欢杂乱和烦扰的感觉。他们在生活中凡事总是力求自然舒适，这样他们才会感到自由，可以无拘无束地表达自己的各种思想和情绪。

手提包是身份的象征

提包在人们的工作、生活和学习中是非常重要的一件物品，很多时候它几乎与人形影不离，人走到哪里，它们也随之被带到哪里。正是因为提包具有如此特殊的作用，所以它们在一定程度上可以向外界表达一定的信息，让外界通过提包来认识提包的主人。

★喜欢休闲式提包的人

这类人的工作具有很大的伸缩性，自由活动的空间也非常大。正是由于这样的条件，再加上先天的性格，他们大多很懂得享受生活。他们对生活的态度比较随意，不会过分苛刻地要求自己。他们比较积极和乐观，也有一定程度的进取心，能很好地安排工作、学习和生活，做到劳逸结合，在比较轻松惬意的环境中把属于自己的事情做好，并取得一定的成就。

★喜欢公文包的人

公文包隐晦地说明了提包主人工作的性质，他们可能是某个事业单位的高管人员，也可能是企业的普通职员。一般来说，选择公文包是出于工作的一种需要，但在其中多少也能表现出这种人的性格特征。这样的人多数办事较小心和谨慎，他们不一定非得要不苟言笑，即使是有说有笑，对人也会相当严厉。当然，他们对自己的要求往往很高。

★喜欢方形提包的人

有小把手的方形或长方形的手提包，在有些时候可以当作一件饰品。这种手提包外形和体积都相对比较小，所以使用起来并不是特别方便。喜爱这一款式手提包的人，多是没有经历过什么磨难的人。他们比较脆弱，而且不堪一击，遇到挫折容易退缩和妥协。

★喜欢肩带式手提包的人

他们在性格上相对比较独立，但在言行举止等各个方面是相对较传统和保守的。他们有相对自由的空间，但不是特别大，交际圈子比较狭窄，朋友也不是很多。

★喜欢小巧精致的手提包的人

这种手提包不实用，而且装不了什么东西。一般来说，年纪比较轻、涉世也不深、比较单纯的女孩子喜欢此类手提包。但如果已经过了这个年纪，步入成年，非常成熟了，还热衷于这样的选择，说明这个人对生活的态度是非常积极乐观的，对未来充满了美好的期待。

★喜欢浓郁的民族风味手提包的人

这类人自主意识比较强，是个人主义者。他们个性突出，往往有着与别人截然不同的衣着打扮、思维方式等。有时候表现得与他人格格不入，所以说营造出良好的人际关系存在着一定的困难。

★喜欢超大型手提包的人

这种人性格多是自由自在、无拘无束的，他们很容易与他人建立某种特殊的关系，但是关系一旦建立以后，也会很容易就破裂。这也是由他们的性格所决定的，因为他们的生活态度太散漫，缺乏必要的责任感。显然，他们自己感觉无所谓，但并不是其他所有人都能接受和容忍的。

★喜欢金属制手提包的人

喜欢金属制手提包的人，多是比较敏感的，能够很快跟上时代的脚步，他们对新鲜事物的接受能力是很强的。这一类型的人，在很多时候自己并不肯轻易付出，但总是希望别人能够付出。

★喜欢中性色系手提包的人

这类人的表现欲望并不是很强烈，他们不希望被人注意，目的是缓减压力。他们凡事多持得过且过的态度，比较懒散。在对待别人方面，也喜欢保持相对中立的立场。

★不习惯带手提包的人

这类人的性格要分几种情况来说，有可能是因为他们比较懒惰，觉得带一个包是一种负担，太麻烦了；还有一种可能是他们的自主意识比较强，希望能够独立，而手提包会在无形中造成一些障碍。两种情况都是把手提包当成一种负担，可以表现出这种人的责任心并不是特别强，他们不希望对任何人、任何事负责任。

第 6 章

兴趣爱好隐藏的玄机

兴趣爱好是一个人在休闲时间进行的活动，唯一的目的就是快乐。虽然与工作的目的截然相反，但它是一个人实现理想和成就事业的重要保证，是心理战的王牌。

休闲娱乐影射个人品位

你的音乐，你的个性

音乐是全人类共通的语言之一，我们的生活是离不开音乐的，离开了音乐就会显得特别的枯燥和无味。

音乐是一种纯感觉性的东西，听音乐的时候喜欢听哪一类型的，就表明他在这一方面的感觉比较好，而这种感觉很多时候又与一个人的性格紧密相连。

★喜欢古典音乐的人

一般是理性成分占多数的人，他们在很多时候要比一般人懂得如何进行自我反省、自我积累，从而留下对自己非常重要的东西，将那些可有可无，甚至是一些糟粕的东西抛弃。这样的人大多很孤独，很少有人能够真正地走到他们的内心深处去了解他们、认识他们，所以音乐在一定程度上成了他们的心灵伙伴。

★喜欢摇滚乐的人

这类人多是对社会不满，有些愤世嫉俗，需要依靠摇滚的形式来宣泄自己心中的诸多情绪。他们常常会感到迷茫和不安，需要有个人领导着逐渐地找回已经丧失或正在丧失的自我。他们很喜欢与一些志同道合的人交往，害怕孤单和寂寞。

★喜欢乡村音乐的人

这类人多是十分敏感的人。他们对一些问题常会表现出过分的关心，为人多较圆滑、世故、老练、沉稳，轻易不会动怒。他们的性格一般比较温和、亲切，攻击欲望并不强。他们比较喜欢稳定和富足的生活。

★喜欢爵士乐的人

其性格中感性化的成分往往要多于理性，他们做事很多时候只是凭着自己的感觉出发，忽略了客观的需要。他们喜欢自由自在、无拘无束的生活，希望能够摆脱控制自己的一切。对生活往往是追求其丰富多彩，讨厌一成不变的东西。他们的生活多是由很多不同的方面组成的，而这些方面又总是互相矛盾，从而给他们在表面笼罩了一层神秘的面纱，使他们在人前永远具有十足的魅力。

★喜欢歌剧的人

其性格中有很多比较保守、传统的成分，他们多是比较情绪化的人，但在大多时候都懂得把握自己的情绪，不会随便发作。他们做事比较认真负责，对自己很苛刻，总是要求表现出最好的一面，努力做到至善至美。

★喜欢背景音乐的人

他们的想象力是特别丰富的，而他们的生活态度却有点脱离现实、富于幻想，这就使他们有许多必然的失望。不过他们比较善于自我调节，能够重新面对生活，只不过幻想并没有减少。他们的感觉相当敏锐，往往能够在不经意间捕捉到许多东西。他们喜欢与人交往，哪怕是不熟悉的人。

★喜欢流行音乐的人

简单是流行音乐的主旨，这并不是说喜欢流行音乐的人都很简单，但至少他们在追求一种相对简单和自由自在的生活方式，让自己轻松快乐一点儿。

★喜欢情境音乐的人

这种音乐听起来清脆悦耳，可以让人产生快乐的心情。喜欢情境音乐的人，大多都是比较内向的，他们渴望平静和安宁，不愿受到人或事的干扰。

★喜欢颓废音乐的人

这类人多有自卑感，他们的性格从某种程度上来说是矛盾的。他们讨厌一个人的孤独和寂寞，渴望与人交往，但他们又很难与人建立起良好的交往关系。在这种情况下，他们会产生一种很叛逆的心理，颓废音乐正好使这种心理得到了满足。喜欢颓废音乐的人大多崇尚暴力，有自我毁灭的倾向。

用舞蹈阐释性格

跳舞是人类通过肢体语言进行沟通的方式，它超越了所有的文化，是社会化过程中相当重要的一环。舞蹈就像语言一样不断演进，同时体现出社会的价值和历史变迁。一个人跳舞的方式和喜爱的舞蹈，比说话更能透露出一个人的个性，就如人可以用嘴撒一个谎，但是用跳舞来撒谎却是难上加难。

★喜欢芭蕾舞的人

这种人一般多有很强的耐心，能够以最大限度的耐心把一件事情完成。他们也很遵守纪律，具有一定的组织性。他们有一定的理想和追求，常会为自己设定一些目标，然后努力去完成它们。除此以外，他们的创造性也是很突出的，常会有一些与传统背道而驰的惊人之作。

★喜欢踢踏舞的人

这类人多精力充沛，表现欲望强烈，希望能够引起别人的注意。在遭遇失败和磨难的时候，他们能够坚持下来，从而渡过难关。他们的时间观念比较强，时间对他们来说是宝贵的，不会轻易地浪费。而且他们能够随机应变地处理事情，在面对任何一件比较棘手的事情时，都能保持沉着冷静，认真地思考应付的策略，懂得如何进退以保全自己。

★喜欢探戈的人

喜欢探戈的人，多是不甘于平庸的，他们总是追求生活的绚丽多彩，最好还要带有一些神秘性。他们很重视一个人的内涵和修养，他们认为这可能是比其他任何东西都重要的。

★喜欢华尔兹的人

华尔兹是一种相当优雅、平衡感十足的舞蹈，喜欢这种舞蹈的人，多是十分沉着稳重，为人比较亲切、随和，有一定的社会经验和阅历的人。他们精通各种礼仪，善于捕捉人与人之间十分微妙的关系。所以在为人处世、待人接物等方面，经过时间的磨炼和自我严格的要求，他们总会表现得十分得体、恰到好处，在无形之中流露出一种成熟又高贵的气质和魅力。

★喜欢拉丁舞的人

拉丁舞包括了森巴、恰恰、马林巴、亲波萨舞等，喜爱这些舞蹈的人，大多是精力充沛又魅力十足的。他们有很强的自我表现愿望，希望能够吸引更多人的目光，而他们也很容易引起别人的关注。

★喜欢摇滚舞的人

他们多是一些年轻人，毕竟这是一种需要耗费大量体力的舞蹈，人上了年纪，即使是喜欢，也有可能跳不了。无论是喜欢跳的还是只能喜欢而无法跳的，大多是充满了叛逆思想的人。摇滚往往更容易使人宣泄自己心中的不满情绪。喜爱跳摇滚的人，思想大多是比较时尚、前卫，但这些时尚、前卫的思想往往又很难被人接受理解，更不用说认可，所以他们又是相当孤僻的一群人。

★喜欢交际舞的人

这类人都很乐意与人交往，对人与人之间那种相对频繁和友好的互动关系更是情有独钟。他们在为人处世方面多是比较小心谨慎的，而且具有较强的组织能力和创造能力。

★喜欢爵士舞的人

一般来说，爵士舞属于一种即兴舞蹈，喜欢这种舞蹈的人，多具有灵活的随机应变能力。他们在为人处世方面多不拘小节，只要能说得过去就可以，而且具有一定的幽默感。这种幽默感并不是故意表现出来的，而是一种机智和智慧的自然流露。他们很喜欢和很多人在一起，但如果只是一个人也能够寻找和创造乐趣。

从旅游偏好窥探人的性格

心理学家认为，了解一个人喜爱的旅游方式，可以推测出一个人的潜在性格。不妨拿自己进行比较，便可以探究其真实性。

★喜欢欣赏风景

这类人不想被局限于斗室之内，呆板的工作往往令他们感到烦躁。他们是精力充沛的人，而且富有幻想，任何生活中的新责任或新体验，都会让他们非常兴奋。

★喜欢漫步海滩

这类人的性格略带保守与传统，爱好孤独，有一种离群索居的欲望。不过，由于这种人对朋友和人际关系都很冷漠，所以他们会是好父母，因为他们会把所有心思都放在孩子身上。

★喜欢参加旅行团

这类人是很理性的，做什么事情都喜欢计划得井井有条，不期待任何惊奇的意外之旅。此外，他们个性豪爽，喜欢与别人分享一切，而且当别人懂得欣赏他们的时候，他们会格外高兴。

★喜欢到各地探访朋友

忠诚是喜欢到各地去探访朋友的人的最大优点，也是他们做任何事情的最大动力。在探访朋友或亲戚时，会让他们有踏实感。而且，他们是实事求是的人。

★喜欢出国旅行

他们是追求潮流和时尚的人，生活中的变化会让他们觉得很刺激。此外，他们还具有幽默的个性，不容易被生活的重担压倒，总是过着自由自在、毫无拘束的生活。

★喜欢露营

这类人是传统思想的拥护者，拥有崇高的道德标准，个性独立，富于创造性。他们的人生观是讲究实际、讲究客观。

★热衷登山的人

当你问一个将要去度假的人，希望从事何种消遣时，如果他以登山回答的话，那么就可以判断他是个内向型的人。

内向型的登山爱好者，经常组队向岩壁挑战，以攀登、征服人烟稀少、人力难及的险峻高峰为目标。他们对大自然的态度也不同于外向型的人，对于大自然的险峻、壮观、美丽，他们又爱又恐惧，虽然敢于向它挑战，但始终不把它当成享乐的休闲对象，而是以真挚的态度对待那些他们想要征服的高山大川。

从读书类型分析人的性格

在心理学家眼中，读书不仅能增加一个人的知识和内涵，还能在某种程度上反映出一个人的性格和心理。从一个人喜爱看的书，可以分析出其性格。

★喜欢读言情小说的人

他们是重感情的人。这种类型的人非常敏感，生性乐观，直觉敏锐，一般很快就能从失望中恢复过来，东山再起。

★喜欢看传记的人

这类人好奇心重、谨慎、野心勃勃，他们在做出决定之前，一定会研究各种选择的利弊得失及可行性，绝对不会贸然行事。

★喜欢看通俗读物的人

喜欢看诸如各类型街头小报、周刊、八卦杂志的人，一般都富有同情心，乐观开朗，经常利用巧妙的言辞带给别人欢乐。这种人总有源源不断的趣味性话题，经常是办公室里或社交场合中颇受欢迎的人。

★喜欢浏览报纸及新闻杂志的人

大多属于意志坚强的现实主义者，且善于接受各种新生事物。

★喜欢读漫画书的人

这类人一般都喜欢玩乐，性格无拘无束，不想把生活看得太认真。

★喜欢读圣经的人

这类人奋进且诚实，尊重掌握权力的人，同时也很容易体谅别人。

★喜欢读侦探小说的人

勇于接受现实中的挑战，善于解决各种各样的问题。别人不敢挑战的难题，他们也愿意尝试。

★喜欢看恐怖小说的人

多半因为生活太沉闷，使得他们想要寻找刺激及冒险。

★喜欢读科幻小说的人

大多是富有丰富的幻想力和创造性的人，多为科学技术所迷惑，喜欢为未来拟订计划。

★喜欢翻阅财经杂志的人

喜欢竞争，争强好胜，喜欢把他人比下去。

★喜欢读妇女杂志的女性

她们大都上进心强，希望自己成为女强人，希望事事都表现得脱颖而出。

★喜欢读时尚杂志的人

非常在意自己的外貌，十分顾及面子，在日常生活中会尽力改变自己在别人心目中的形象。

★喜欢读历史书籍的人

此类人富有创造力，不喜欢胡扯、闲谈，宁愿花时间做些有建设性的工作，而不想去参加无意义的社交活动。

透过益智游戏观察他人

"益智游戏"就是以新方法运用旧知识来解决问题。经常接触与之相关的游戏，会使一个人逐渐地变得更聪明、更灵活。不同的人会喜欢不同类型的益智游戏，喜欢是因为他在这一方面感兴趣，这就是人性格的一种体现。通过喜欢的益智游戏往往也能对一个人进行了解、观察、分析。

★喜欢魔术方块的人

大多自主意识比较强，他们不希望他人把一切都准备好，而自己不需要花费什么力气或心思；他们也不喜欢把他人的思想和意见据为己有，而是热衷于自己去钻研和探索，即使需要漫长的过程和付出昂贵的代价，也不会改变初衷。他们具有很好的耐力，对某一件事情，当别人感觉不耐烦的时候，他们也能坚持如一。他们心思灵巧，触觉相当灵敏，喜欢自己动手制作一些小玩意儿。

★喜欢拼图游戏的人

他们的生活常常像拼图一样，好不容易把一副完整的图形拼好，紧接着又会变成一块块的碎片。他们的生活常常会被一些意料不到的事情所困扰，有时甚至会使长时间的努力和付出全部付诸东流。庆幸的是，这一类型的人具有一定的忍耐力和信心，不会轻易被击垮，而是能够保持自己再奋斗的精神，一切都重新开始。

★喜欢纵横字谜的人

他们多是做事非常注重效率的人，希望在最短的时间内花费最少的精力最大限度地完成某件事情，但在某些时候是不现实的。他们很有礼貌和教养，在与人相处时彬彬有礼，表现出十足的绅士风度。他们多有坚强的意志和责任心，敢于面对生活中许多始料不及的困难和灾难。

★喜欢玩几何图形游戏的人

这类人多是比较聪明和智慧的，他们对某一事物常常会有自己独到的见解，而不是随大流。他们有很强的自信心，生活态度积极向上，在思想上比较成熟，为人深沉内敛，常常是一副成竹在胸的模样。在做某一件事情之前，他们多是要经过深思熟虑，前前后后把该想的都想到，在心里有了大致的把握以后才会行动。即使出现什么变故，也能很快地找到应对的策略。

★喜欢数字类益智游戏的人

大多逻辑思维能力比较强，他们的生活多是极有规律的，有时候甚至达到了呆板的程度。他们在为人处世等各个方面并不会随机应变，而是过分地有棱有角。结果，既伤到了别人，也给自己带来了伤害。

★喜欢智力测验的人

他们对生活的态度虽然是非常积极和乐观的，但有时候并不了解生活的本质。他们的生活没有什么规律，而且对于各种事物的轻重缓急没有一个清楚的认识，常常会将时间、精力甚至是财力浪费在没有任何意义的事情上面，反倒将正经事情耽误了。可是，他们并不为此懊恼或后悔，而是找各种理由安慰和劝导自己。

★喜欢神秘类益智游戏的人

这类人性格中最突出的特征就是疑心比较重。在他们看来，这个世界上好像没有一样东西是可信的，他们对任何事物都表示怀疑，而这怀疑常常又是没有任何依据的。他们对某些细节及一些微小的差别总是表现得极其敏感，而这往往又会成为他们为自己的怀疑找到的依据。他们会不断地对别人进行指控，但紧接着又会为没有充分的证据进行说明而感到苦恼。

★喜欢在一张照片中寻找错误的游戏的人

他们活得多不轻松，常常会被一些没有任何理由的烦恼困扰着。尽管现状是一片大好，可他们往往要朝着差的方面想。他们的胸怀多不够宽阔，很少注意到别人的优点，却总是盯着缺点不放。

探索喜爱下棋者的心理

下棋无疑是两军对垒，你杀我，我杀你，但这种搏杀有自身的玄妙之处。棋道很重视三个字——"平常心"，真正懂得棋道的人深知这个道理。人生就如一盘棋，常常是风云变幻、胜负无常，而很多关于棋的格言常常会带给人们启示，如"一着不慎，全盘皆输""举手无悔，落地生根"等。

在下棋中，通常可以看出一个人的性格。有的人喜欢突然袭击，出奇制胜；有的人常常稳扎稳打，步步为营；有的人则很诡秘，趁他人不注意的时候下一着看起来很平常的棋；有的人经常悔棋；有的人则常常顾头不顾尾，等等。

不同年龄的人下起棋来风格是很不同的。年轻人初生牛犊不怕虎，下起棋来风风火火，大拼大杀，不到几分钟就一败涂地；老年人则老谋深算，走起棋来如行云流水，飘飘然然，看起来若无其事，往往暗藏杀机。

有的人爱下棋是出于对生活的补偿。在日常生活中，争斗在所难免，为了满足生活中的这种需要，下棋便成了比较理想的娱乐方式。在生活中，比较温和的人下棋时可能表现得很凶猛，他们从棋盘中获得了很大的安慰。

年轻人如果整天沉溺于棋局，那么这个人在生活中的包袱可能很重，他们将所有怨怒都发泄在棋局上，因此常常显得比较恬然；而偶尔下棋的男士往往斗志很强，在社会上常常会有所成就。

运动方式反应思维定式

酷爱球类运动的人

人是一种高级动物，其关键就在于"动"，所谓的"动"其中就包括运动。其实，运动对于人类而言是一种必不可少的生活方式，而生活中绝大多数人都在运动。当然，不同的人会热衷于不同的运动方式，这就是性格方面的差异。

★喜欢篮球的人

这类人多有较高的理想和远大的目标，他们经常对自己抱有很高的期望，希望自己能够比他人出色，站到别人前边去。为了达到这个目标，他们可以做出很大的牺牲和努力。其中，可能避免不了要遭遇失败，但他们失败以后多不会被击倒，更不会一蹶不振、灰心丧气。相反，他们的心理素质比较好，能够重新站起来，再接再厉。

★喜欢排球的人

这类人多是不拘小节的，他们在做一件事情的时候，对过程的重视程度远远要超过结果。

★ **喜欢打网球的人**

这类人大多是文化素养比较高的人，因为网球运动其本身就具有贵族的气息和较高的格调，并不是所有人都可以轻而易举加入到这项运动中。从整体上来说，他们大多是属于文质彬彬、有涵养的那一种人，他们会在各个方面严格要求自己，使自己达到一个相对比较高的层次，力求完美和完善。

★ **喜欢足球的人**

足球运动本身就是一项很刺激的运动方式，能让人兴奋。喜欢足球的人，应该是相当富有激情的，对生活持有非常积极的态度，有战斗的欲望，干劲儿十足。

★ **喜爱高尔夫球的人**

高尔夫球也是一种象征着地位、财富和身份的贵族消遣，喜爱并不一定都能玩得起，凡是能够玩得起的人，大都具有比较强大的经济实力做支持，而其本人也可以称得上是个成功者。他们能够成功是具备了成功者必备的素质：宽阔的胸怀，远大的理想，不达目的不罢休的精神，坚强的毅力等。

喜欢冬泳的人

喜欢游泳的人，都是有超强意志力的人，特别是冬天也到江河里进行长距离游泳的人的毅力是相当让人佩服的。

这种人喜欢保持冷静，做任何事情时，从不贸然行事，他认为遇上再严重的险境，能保持清醒的头脑是最为重要的，不希望被强烈的情绪左右自己的判断力。这种人经常以自己有理性、有逻辑而骄傲。

在任何公共场合，他很少公然批评和指责别人，因为他觉得这样做容易树敌。当然，私底下对每个人、每件事都有独自的见解，他从来都十分相信自己的分析能力。

冬泳者在事业方面总是追求很高的专业知识和地位，希望得到别人的赏识和尊重。由于冬泳者冷静的个性，或许在某些方面难以得到异性的青睐，因为在对方看来，这种人显得不够热情，不那么容易亲近，这是这种人的短处。如果他们能在大众场合多表达自己的感受，抒发自己的感情，那么别人也许就不会觉得他那么冷漠了。

喜欢步行运动的人

将走路当成是一种运动方式的人，他们的为人处世就和走路一样，既不稀奇也不时髦，但是一直坚持下来，从中受到的益处却是无穷无尽的。他们没有很强的表现欲望，对能够很好地表现自己的事情并没有多大的兴趣，只是保持着相对的沉着、稳重，做自己该做、能做的事情。他们很有耐心，并且也有信心做好每一件事。

喜欢晨练和黄昏散步的人

这类人不爱好剧烈运动，只是喜欢在宁静中散步，向往自由自在的生活。

　　这种人的行为不拘小节，甚至根本不注重外表和个人卫生，生活上得过且过，给人的整个形象是邋遢、懒散。这种人对大部分事情都抱着无所谓的态度，是个火没烧到眉毛不着急的人。

　　如果别人托他办事，就要碰运气。当他心情好时，能把事情办得顺当、体面；当他心情不好时，一点小事也会办砸。总之，托他办事的人很少。

喜欢器械运动者

　　购买运动器材，在家里做运动的人，可能是个冲动的人，因一时冲动想买运动器材，结果就买了。可是，通常都坚持不了多长时间，因为家里事情比较多、比较烦琐，而且自己也没有那么坚强的毅力。

　　喜欢举重的人多比较偏重于追求表面化的东西，而忽略一些实质和内涵，他们通常都是很在意他人对自己持什么样的态度，并为此可能会改变自己、迎合别人。

透过业余爱好识人性格

从喜欢的宠物看人

兴趣爱好是反应一个人的性格的镜子，每个人的爱好及兴趣与他的性格都有着密切的关联，而同一类型的人的业余爱好也是极为相似的，因此有时候只要知道一个人的兴趣，就可以大致判断出他们的性格及品味。

★**喜欢养猫的人**

他们崇尚独立自主，讨厌随声附和，直来直去，从来不委曲求全、言不由衷。他们内向，喜欢宁静和恬淡的生活，抑制感情流露，很少有人能进入他们的内心世界；严于律己，不喜欢随随便便，让人感觉不到热情和活力，有时难免矫揉造作，所以人缘通常不好。

★**喜欢养狗的人**

随和温顺，显得格外亲切，但他们喜欢随波逐流，总是顺着别人的想法做事。他们外向，不喜欢寂寞孤独，整天嘻嘻哈哈，与左邻右舍关系融洽；交际能力出众，爽快开朗，人情味浓，胸无城府，真实想法通常会从脸上或行为举止中表现出来。

★喜欢养鸟的人

这类人性格细腻，心胸狭隘，同时会精心地装饰属于自己的空间。不喜欢烦琐的人际关系，交际能力差，性格孤僻。养鸟使他们自娱自乐，帮助他们打发多余的时间和寂寞，鸟成为生活中不可或缺的伙伴。

★喜欢养鱼的人

这种人有生活情趣，是个充满自信的乐天派，对事业和生活没有过高的奢求，只想平平安安度过每一天。有人说他们胸无大志，但一生快乐也令人羡慕。

从喜欢的水果看人

通常，喜欢水果的人是憧憬母性爱的善良性格的人。不过，从"从水果中选择最喜欢的水果"这一点，却能判定这个人的性格或个性。

★葡萄

他们属于郁郁寡欢，喜欢躲在自己的象牙塔内的类型。具有美的意识或强烈的诗情幻想力，很富个性。虽然第一印象给人冷漠的感觉，但是在交往之后会渐渐发现其内心是非常善良的。

★菠萝

这种人热情、专注、执着、具有远大的梦想，喜好刺激或变化，凡事一头栽入其中埋头苦干，最讨厌固定模式的生活。

★香蕉

有时会有任性的举动而令别人伤透脑筋，但富有灵活简捷的行动力，具备和任何人都能成为好友的社交性、开放性。如果为女性则属于稍带阳刚气的类型。

★葡萄柚

他们对健康或美貌的关心极强，是理想高的浪漫主义者。讨厌"平凡"，对任何事都极其关心，求知欲强烈。

★哈密瓜

这种类型的人外表典雅、内敛，然而胸怀大志或具有崇高理想，是属于积极向上的类型。讨厌对别人言听计从，会明显地体现出贯彻自我理想、信念的态度。

★苹果

将事物处理得井井有条的认真型，谦恭有礼、不忮不求的"恰到好处"型。

★梨子

这也是能控制自我欲求的认真型。他们处事慎重，以诚信坚定为生活目标，具有把握自己、凸显别人的一面。负面解释可以说是过于消极的类型。

★橘子

个性温和，与任何人都能步调一致、令人安心的人。特别重视家庭生活，喜欢与众人谈话，与志同道合的人共餐。

★樱桃

优雅、美的意识敏感，对于流行时尚会发挥个人品位的类型。不过，理想虽高却内向而缺乏执行力，不擅长在他人面前提升自己的印象。

★柿子

他们略带保守、生活朴素。在金钱方面绝不浪费，因此也具有成为巨富的潜质。

★木瓜

这种人属于极为个性的类型，充满着对某种新鲜的刺激或奇特行为的期待感，讨厌受束缚。极具有幽默感，擅长与人相处，但冷热变化极快，稍欠执着的耐力。

从喜欢的酒看人

饮酒是人们在社交场合最为常见的应酬方式，它是人们沟通和联络感情及解决问题的较好的方式。

通常由饮酒可以了解对方的性格，或作为看透对方心态的参考，多半也是解决问题的较好时机。

虽然酒的品种和性格的关系尚无充分的调查或研究，却可以做出一些分析。

★喜欢威士忌的人

这种人适应能力强，能充分采纳别人的意见。出人头地的愿望非常强烈，只要有机会即希望从中赚大钱或期待上司的认可。对待女性非常重视礼仪并表现亲切，会明确地表达自己的心意。不过，饮用法有以下几种。

①喜欢喝稀释的威士忌的人，这是最为普通的男性性格，渴望能充分把自己的观念传达给对方，适应力非常强。

②喜欢加冰块喝的人，无法确切地用词语或表情传达自己的心意。仔细观察周围的情况，易被别人意见所左右。但是，在公司里通常是平步青云，平常会隐藏自己的情绪。

③喜欢喝纯威士忌的人，具有男性气概、冒险心强，拒绝受形式束缚，

对强权势力带有叛逆性。富有创造力、独创性，且颇具正义感。外表上对女性表示冷漠的态度，内心却是温柔的。

★喜欢中国白酒的人

有些人偏爱烈性白酒，如果餐桌上没有白酒便索然无味，喜爱白酒者一般喜欢社会且乐善好施。有好好先生的一面，极在意对方的感受，易受吹捧，受人所托无法拒绝。对女性尤其表现得亲切，即使失败也不在意。在公司或职场中由于关照部属而深受部属们的爱戴，却很难获得领导的认可。在混乱的局面中会发挥卓越的能力，这种男性多半为了认同自己而愿为对自己的能力有极大期待的人奉献心力。虽然失败多，却也有大成就。

★喜欢洋酒的人

最近年轻男子中，饮洋酒的人已经是越来越多。商店到处都有陈列的洋酒。用餐必定有洋酒，或约会中必喝洋酒的男性是极具个性的。

这类男性喜欢追求豪华的生活，喜爱从事辉煌的工作，在服饰等方面也比较挑剔。他们中有许多人有国外生活经验，也有些人是崇尚新潮。

★喜欢鸡尾酒的人

①喜好带点甜味的鸡尾酒的人很少是豪饮型。与其说是喝鸡尾酒，不如说是感受那种气氛，或渴望与女性交谈。如果喜好辣味而非调味的鸡尾酒（如马丁尼酒），是具有男性气质的表现，在工作上能充分发挥自己的才能与个性，值得信赖。同时具有责任感，举止行动有分寸。

②喝甘甜的鸡尾酒是不太喜爱酒精的男性，或渴望邀约女性感受饮酒的气氛，或期待借酒精缓和对方的情绪。

③如果劝女性喝酒精度高或较为特殊的鸡尾酒，乃是暗自期待利用酒精，使女性无法做冷静的判断。跳舞前劝女方饮鸡尾酒的男性，通常希望和该女性有更深层次的交往。

★喜欢啤酒的人

根据美国社会调查研究所的调查显示，喝啤酒是表现轻松愉快的心情，渴望从苦闷的环境中获得解放。

①约会时喝啤酒的男性，通常想要表现最真实、最自然的自己。如果劝同行的女性喝啤酒，是希望对方和自己有同样的心情，或内心期待愉快的交谈。既不矫揉造作也不爱慕虚荣，可谓是安全型。

②如果喝指定品牌的啤酒，这种男性可要警戒。有些人会选择喝与其公司系统相关的啤酒，而有些人也会在啤酒的品牌上表现个人的特性。事实上，各品牌的啤酒味道相差无几，特别指定品牌只是心理上的作用。

选购外国啤酒的人，性格上和洋酒派类似。特别喜好德国啤酒的男性，只是想向女性表现自己异于一般男性；喜好黑啤酒的男性，通常对强壮的体魄向往不已。

从饮酒场所的选择看人

喝酒的行为中潜藏着想要消除不满或压力的欲求。因此，若调查喜欢在何种场所饮酒，即能明白该人的深层心理或性格。

尤其是酒在人际交往中扮演着很重要的角色，因此可以从中发现饮酒者的社交性。

★喜欢路边摊的人

这种人天性嗜酒，属于纯情、质朴的人。喜好路边摊等不必装模作样的场所的人，大多数个性善良、亲切，认为赚钱或出人头地不如与人交往来的重要，也可以说是具有社交性的类型。

★喜欢酒吧、俱乐部的人

与其说是喜好饮酒，毋宁说是讲究气氛或挑选饮酒对象的人。虽然希望受人欢迎，却只重视与特定人的交往。同时，饮酒也只限于工作的需要，是工作人常见的类型。

★喜欢酒馆的人

喜好酒馆等时髦气氛的人，爱憎分明。对文学或美术具有兴趣，属于个性派人士。是只和特定的人交往，并非和任何人都能相处的类型。

★喜欢快餐店的人

喜欢快餐店或卡拉 OK 厅的人交友广，富有社交性。因工作的关系招待客人而选择快餐店的人，大多是能干型，而且绝不会有太大的压力。

★喜欢在家饮酒的人

大多数是对暴露自己的缺点感到不安的人。虽然郁郁寡欢却又讨厌与人交往或警戒心过强，而无法拥有推心置腹的朋友，属于吃亏的类型。

从喜欢的童话观察对方

我们可以从一个人在童年时期喜欢的童话故事来分析其性格。毫无疑问，童话故事中的角色和情境只是一种幻想和创作，但是每个故事中所蕴含的人生道德、价值观会融入一个人成年后的思想体系中，所以喜欢什么样的童话可以在一定程度上反映出一个人的性格特质。

★喜欢小红帽的人

有的人喜欢小红帽，这样的人大多缺乏一定的忧患意识，对一些人和事物从来都没有戒心。而且他们很固执，轻易听不进别人的劝告，把一切都想得很美好、很和善，到最后真正吃亏上当受骗以后，可能还在为他人着想。

★喜欢灰姑娘的人

有的人喜欢灰姑娘，这样的人多缺乏安全感，时常自怨自艾。从某种程度上来讲，他们是聪明、智慧、漂亮的，这些优点常会使他们在与别人的竞争中不用费多少力气就能轻易获胜，所以会时常遭到嫉妒。他们经常会处于孤独与无助中，所以一旦有人走近他们，对他们表示出了友好和热情，他们就会付出真心。

★喜欢白雪公主的人

有的人喜欢白雪公主，这样的人大多虚荣心比较强。他们喜爱听到赞美的声音，喜欢有许多人巴结和奉承自己。从某种程度来讲，他们是非常在意那些巴结和奉承自己的人的，可他们从内心深处却一点儿也不赏识他们，甚至还有些讨厌。他们多是比较孤独和无助的，没有几个真正的朋友。

★喜欢睡美人的人

有的人喜欢睡美人，这样的人生活大多是相当郁闷和乏味的，他们迫切希望得到解脱，但他们并不寄希望于自己，而是指望别人。实际上，这种期待是完全不切实际的。

★喜欢杰克和姬儿的人

有的人喜欢杰克和姬儿，这样的人多具有一定的责任感，一旦做出承诺，就会想方设法实现。而且，他们对人多比较亲切和热情，能够给予别人一定的关心和帮助，同时能够与人同甘共苦而毫无怨言。

★喜欢美女和野兽的人

有的人喜欢美女和野兽，这样的人多颇有同情心和爱心，喜欢帮助他人取得进步和成功，有大公无私的精神。他们本身具有强烈的自信，所以也会不断地帮助别人树立自信。在他们看来，一个人如果有了自信心，就没有什么是不可以完成的。

★喜欢墨菲小姐的人

有的人喜欢墨菲小姐，这样的人多缺乏冒险精神，安于现状，原地踏步，不想做什么改变。但他们还是有一定实力和能力的，当外界环境迫使他们不得不改变时，激发他们的斗志，往往会做出一番成绩。

从喜欢的汽车观察对方

从现代经济水平来看，每一个人都拥有一辆汽车，几乎是不可能的。但无法拥有，并不代表人们就对汽车没有了解。虽然没有汽车，但对汽车津津乐道，甚至达到痴迷程度的人比比皆是。喜欢、痴迷什么样的车子，往往是个人品味的浓缩，由此也可对一个人的性格有个大致的了解和把握。

★喜欢进口车的人

大多属于现实的利己主义者，他们缺乏集体的团队精神，凡事只要能给自己带来益处的就全盘接受。他们虽然也有很强的交际能力，但其中多以物质利益为纽带，一旦这一环节出现故障，所有一切就会不攻自破。

★喜欢吉普车的人

这类人多有很强的好胜欲望，希望别人远远地落在自己后面，自己永远保持第一名的优势。而且，他们有较强烈的自主意识，希望走一条完全属于自己的路。喜欢吉普车的人的性格往往就像吉普车一样，能够不辞劳苦地前往许多交通工具无法到达的地区。

★喜欢旅游车的人

大多是比较节约、勤俭，能够精打细算过日子的人。他们总是能利用有限的时间、精力和金钱做出与之不等量的事情来。他们在很多时候会赢得别人的尊敬和赞扬。

★喜欢豪华车的人

豪华车不仅仅是富人的标志，穷人也可以拥有喜欢的权利。对豪华车情有独钟的人，他们多希望自己的表现是与众不同的，并具有一定的影响力，能够吸引别人的目光。他们时常有成功的感觉，这种感觉多来自别人的赞美，可又不是完全发自内心的肯定。

★喜欢轿车的人

轿车型汽车有时候可能比豪华车更胜一筹。喜欢这一类型车的人大多自我感觉良好，他们总是乐于向别人炫耀自己，从而想证明什么。他们渴望自己能够得到别人更多的尊重和爱戴。

★喜欢敞篷车的人

大多是属于外向型的人，他们喜欢与外界进行各种接触，厌恶死气沉沉的生活。他们喜欢热闹，对色彩鲜艳华丽的事物情有独钟。他们对人多比较具有热情，富有同情心，能够给予别人关心和帮助。这一类型的人，对新鲜事物的接受能力也是很强的。

★喜欢双门车的人

一般而言，这类人的控制欲和占有欲是很强烈的，他们希望自己能够领导别人而不是被别人领导。某一事物，一旦进入他们的视线，他们就会尽一切努力去争取，有股不达目的誓不罢休的劲头。在为人处世方面，他们更在乎的是自己的感受，很少顾及别人的心理，而对于别人有什么样的心理，也是持一副毫不在乎的无所谓态度。

★喜欢四门车的人

这类多有自己较独特的个性，讨厌被人所左右。因为自己有过深刻的受人限制的感受，所以他们从来不会束缚别人。在绝大多数时候，他们会尊重别人的意见和看法，给别人更多的自由选择的余地，哪怕这种选择对他们来说可能是一种伤害，他们还是会抱着一种理解和支持的态度。因为这一类型的人不过多地控制和限制别人，所以会赢得更多人的依赖和尊重，为自己营造出良好的人际关系。

从喝茶场所观察对方

在不同的地方，人们有着不同的喝茶习惯，对茶的品位也不尽相同，可以说是花样百出。例如，有的人喜欢在街头茶馆喝茶，有人喜欢上茶楼。如果我们对喝茶者的喝茶场所进行细致入微的观察，就能发现他们的不同心理特征。

★喜欢在茶楼喝茶的人

经常在茶楼喝茶的人，一般不是生意人，就是打肿脸充胖子的那一类。因为茶楼如今的收费，会让很多人目瞪口呆。

这种高级场所，已经是有钱人、生意人休闲的天地，有的人会客、商务会谈都在这类茶楼里进行，就好像是自己的办公室一样。而且，他们也多半满意这种生活方式。

这种人大多较专断，自我主张强烈，往往自尊自大、自以为是。他们总觉得自己的意见是绝对正确的、唯一可行的，而他人的意见都有问题。这种人争强好胜，从不愿承认他人比他高明，一味自大，待人接物态度强硬。他们虽然不可一世，但内心很狭窄小气，脾气执拗，所以容不下他人的意见。

★ **喜欢到街头茶馆去的人**

想要了解世俗风情的人，一般会去街边茶馆闲坐，当然也不排除那种囊中羞涩者。这种茶馆往往以价廉物美、小道消息多吸引顾客，而经常进出这种地方的人，一般性情都比较温和，很少做无谓的争吵之类的事。

这种人的包容性很强，承受力也很强，特别能吃苦，是不怕苦不怕累的人。各式各样的辛劳、艰苦、困难，他们都能接受，而且勇于承担。这种人在工作中是努力的，从不怕劳累，更不会偷懒，再艰难的事情都能够做好。在生活中，这种人有耐心，不发牢骚，有能力，坚强无畏，能承受生活的负担。不过，这种人的随机应变能力较差，有时缺乏灵巧。

★ **喜欢在家喝茶的人**

从某方面讲，喜欢在家喝茶的人守家意识特别强烈，他们对大千世界往往没有太浓厚的兴趣，也不愿意到外面去混，更喜欢泡一壶清茶与家人待在一起。他们只关心家里，对外与世无争，或者根本就没有竞争力。

这种人大都没什么作为，生活就是一副得过且过、优哉游哉的样子，对任何事都是满不在乎。别人看不起他，他不往心里去，别人咒骂他、羞辱他，他也不会去反抗。这种人内心很软弱，终日懵懵懂懂过日子，没有事业心，也没有进取意识，更没有要干出一番大事业让人家瞧瞧的精神。这种人甘于平淡、甘于无为，一辈子都不会有什么大出息。

★ **不喜欢喝茶的人**

这种人既不喜欢去茶馆，也不愿自己在家沏茶喝。他们并不是贫穷，但他们的确对此毫无兴趣，而且对茶友的劝告不以为然。

由于过于专注自己，戒备心过强，有时候就显得顽固。他们一般不会轻易接受别人的邀请，也不会随便附和众人的意见，尤其是对于新事物，他们更是有着强烈的对抗。他们很执拗，你要想说服他们，恐怕只会惹得一身不快，败兴而归。通常在一个限度内，和他们还有协调的可能性，如果超过了那个限度，几乎不会成功。与这种人交往，要避免过于莽撞的行为，否则马上会遭到拒绝来往的回报。

从喜欢的服饰透视对方

★ 喜欢白衬衫的人

这类人往往缺乏判断力、羞耻心、主动性。在色彩感觉上、装扮上，他们都特别优秀；相反，不论是什么服装，只要穿上白衬衫都能相得益彰。同时，白色代表干净。

白色与任何颜色都能搭配的优点，当然也能给人一种亲切感，但这种形态的人对服装不受约束，在性格方面是属于直爽派的。诸如此类穿白衬衫职业的，比如裁判官、医生、护士、机关的职员等各行各业的职业者，当你看到他们的第一印象都是缺乏感动性，尤其在感情方面和爱情方面。

这类人容易自以为是，在生意场上常常是个躁动分子，极可能与别人起冲突，随时有大动干戈的事情发生。在人际交往中，遇到这类穿着的人要有戒备之心。这类人总会为自己的失误寻找借口，这种人没有什么话题可言，除重要的事情交涉后，关于酒色话题一般都不参与言论。有喜好穿白衬衫习惯的人，总是以工作为重心，是个不折不扣的现实主义者，对工作有一贯细致、认真的态度。这种人大多比较忙碌，而有时候他们的工作态度不易为他人所接受。

★喜欢粗直条西装的人

在一般薪水阶层人士的穿着习惯中，很少看到穿蓝色粗直条西装的人。大多数自由职业者，为了掩盖职位上引起的不安感觉，才选择穿这种西装。

这种人前卫、时尚。由于对自己没有信心，又怕被他人发现，或者因为情绪上的孤独不安时，才会穿上粗直条西装。

与这种类型的人接触时，一定不能攻击对方的缺点。如果言谈之间的内容不假思索的话，会受到对方的攻击，因此要多加注意。这种人大多不喜欢占卜，因此与他们交往时最好不要提占卜之类的事情。

★喜欢背后或两旁开叉上衣的人

上衣背后或两旁开叉，并非是为了肥胖的摔跤选手穿着所设计的。

人们大概经常碰见西装笔挺的绅士，英国制的西装，带花纹的领带，小羊皮或羔羊制皮鞋，珍珠袖扣，瑞士制的手表，镜框是高级的舶来品，连打火机都是世界上知名的名牌商品。

这类人通常会给人以商界大亨或来头不小的感觉。这类人通常极具伪装性，故意表现出一副领导者的风范，但这种人通常让人失望。这类人的金钱观念比较淡薄，对长期交易没有多少兴趣，往往特别注重短期交易，具有追求一夜暴富的倾向，属急功近利的类型。

一旦以信用为主进行交易时，必须详细调查对方的底细。一方为了慎重起见想暂停交易的话，对方则会施以强硬态度。若一方采取冷静态度，对方会马上变为软弱战术。

这类人士会对人轻易许诺。此时，你应以委婉推辞为上策。其实，这种人的性格是独占欲旺盛、疑心重、神经质、嫉妒心强、喜欢装饰外表的典型。然而，观其面貌又是一副诚实的模样。

第 7 章

破译习惯背后的密码

　　每个人在生活中都会养成一些习惯，有一些
习惯性的姿势或动作。这些习惯的行动和动作是
细小的，但它恰恰是人们真正性格、爱憎的体现，
甚至不受主观意识控制。

行为习惯中的个性印迹

签名习惯透视人心

现在，人们的交际圈越来越大，交际活动也越来越频繁，亮出自己名字的机会也越来越多，于是签名成为一项重要的交际内容。签名有美有丑，有大气也有小气，千姿百态，让别人不仅获得签名者的个人信息，还能把他们的性格反映出来。

★名字向上的人

一般都是有雄心壮志的人，他们不畏辛劳，坚定执着地朝着自己的理想前进，积极向上，会积极想办法战胜眼前的困难。他们喜欢荣誉和鲜花，非常热衷对世间的一切享受，这也是他们不懈努力的最终结果。他们可以成就大的事业，同样也会将灾难带给别人。

★名字向下的人

通常都是消极的等待者或妥协者，总是一副有气无力的样子，犹如大病初愈，又好像历尽了沧桑和磨砺一样。他们自信心不足，不敢设计未来理想，见到别人取得荣誉，虽然有时也会热血沸腾，但转眼间又去随波逐流了。

★ 名字向左的人

一般不喜欢按照常规办事，喜欢创新和追求不同凡响。如果他们喜欢某个人，就会冷酷到底；如果厌恶某个人，则会热情周到。他们喜欢表现自我，在陌生人面前直言不讳，而他们认真诚恳又不失幽默的表现往往会获得大众的喜爱。

★ 名字向右的人

信心十足，热情洋溢，积极向上，总是一副充满朝气、和蔼亲切的样子，在人际交往过程中经常主动向别人靠拢，别人也会笑脸相迎，和他们愉快地交谈。但这并不是他们成为社交高手的主要原因，他们真正高明之处是"醉翁之意不在酒"，在交往的时候表面热心参与，实际上置身事外，对全局进行缜密的观察和了解，别人的一举一动几乎都逃不过他们的眼睛，所有的发展变化都在他们的掌控中。

★ 名字写得特别大的人

表现欲望强烈，喜欢招摇；注重表面文章，总是将非常多的精力用到穿着打扮上，给人留下良好的视觉感受，但不会让人对他们念念不忘，因为他们没有办法打动他人的心。他们总喜欢将众多的任务揽于一身，但他们的工作成绩表现出了他们的真实面目，那就是他们能力有限，遇到困难显得软弱无能，更有甚者无法有始有终，所以他们没有成就大事的可能。

★ 名字写得特别小的人

他们的性格与签名特别大的人截然不同，不喜欢在大庭广众下抛头露面，引人注意。既不积极用特别的外表吸引别人的注意力，也不主动向别人打招呼。他们对自己没有足够的信心，工作上的表现虽然不是十分主动，但属于自己的工作都能集中精力完成，没有很强的功利心，喜欢平淡的生活。

从打电话方式分析性格

在现代社会中，"没有用过手机！"的人简直会被当成怪人，手机已经成为现代生活不可缺少的物品了。它有与人联络方便的优点，但同时也引起了被广泛讨论的"手机依赖症"问题。

★ 以在人前讲电话的方式表现性格

①即使周围有人，讲话也很大声。自我表现极强，这种人即使没有特别理由也要夸大自己的存在。他们反应迟钝，完全没有意识到自己已经侵入别人的心理领域。和他人交谈时只顾讲自己的事，完全不听他人说话。

因为把周围的人都当成"跟自己一样的人"，所以会把不认识的人当作不存在，对于事物也会视而不见，很有可能会毫不在乎地做出一些残酷的事。

②在人前仍会掏出手机与其他人通话。性格比较自私，不会顾虑到可能给其他的人带来麻烦或干扰，凡事会以自己的想法和希望为优先的人，很难指望和这种人能稳定地交往。

此外，如果受到了什么刺激，会把全副注意力转移过去，甚至会完全忘记对方的存在。他并不是自以为是，反而是过于谦虚而认真，通常会有太过在意别人的个性。但容易遭到对方误解，对他而言处理人际关系会非常辛苦。

③总爱在别人面前确认有无来电。对他人最失礼的事，莫过于"心不在焉"，心思神游到别的事情上面去。这类人常常不在意对方，以自我为中心。

此外，这种人觉得必须得在他人面前说话这件事很辛苦，心想着"早点结束对话吧"，还可能会不时拿出手机确认有无来电。如果能改变无法清楚表达自己想法的弱点，就能变成个性温和的人。

★通过打来的电话确定对方的"规矩遵守度"

在公事往来的电话中，基本的对话礼貌是"当电话拨进来时，要尽快接起来""电话铃响两声后再将电话接起来"。不过，现实生活中的这种事也是因人而异的。

①电话响起时，即使忙于某件工作，也会放下手上的事接电话，这种人是会遵守规则的人，属于领导的指示与公司的规定都会乖乖听从的优等生类型。有表里一致的性格，对于外界的刺激会很敏锐，如果遇到预料之外的事就会紧张得不知所措。

②电话响了好一阵子，他也一副无所谓的样子，这是一个个性不慌不忙，总是很悠闲自在，凡事都尽可能按照自己的意思去做的人。就算改换指示或规则，仍会以自己的标准衡量判断，然后再做些改变。个性松散，有可能是个麻烦的制造者，而且他非常不善于与人交往，所以也很不喜欢接电话。

③除了自己的电话之外，就算是在自己身边的电话响起，也绝对不会去接的人，即抱着"别人是别人，我是我"这种想法，没有协调性，所以不适合做团队的工作。而且，这种人会反抗领导、破坏规则。但是，如果他的工作能力很强的话，会是一个让人尊敬的对象。

★从打电话时的动作看个性

①边记要点边说。事先准备好便条纸的人，是思考很周到的人。对于自己的工作有很严谨的规范，会注意到小细节，绝不会敷衍了事，是个善于把工作做好的人。而且是考虑周到、重感情的人，所以遇到突发情况，会有点无法适应。

讲电话讲到一半才开始找便条纸的人，是做到哪儿想到哪儿的人；做事突发没有计划，很懂得随机应变的行动派。情绪转变很快，会有点草率，给人不够沉着稳重的感觉。

②边说话边写下无意义的话与图。这是讲电话时不用心，不管说什么都无所谓的最佳证据，处在闲得无聊的状态。讲电话时总是不知道手该放哪里，那是他正对某个状况或某个人感到慌张、担心、不安，为了缓解这种压力而做出的反应。

还有人喜欢边讲电话边用手指敲桌子，这也是同样的情况。这种人也有可能会突然大发雷霆。

③边做别的事边讲电话。一边整理桌上的书与文具，一边说电话，不专心说话，还会随着其他事物转移注意力。如果自己不留意到这一点的话，将没有办法把握自己的行为举止，会导致注意力与体贴不足。

④边讲电话边做出行礼的动作。他说话时是带着感情的，会无意识地做出一些动作，这个称之为自己的同调行动。带出动作的感情是很强烈的，他不会说谎，个性积极又正直。

通过喝酒时握杯方式看人的心理

喝酒是人们最喜欢的一种消遣形式，在我国有着好几千年的历史，创造了无数奇迹与辉煌，如王羲之因酒书成《兰亭序》，李白因酒诗千首；更有的人将酒当成莫逆，形影不离。但酒的作用不仅仅局限于此。喝酒有拿杯子的动作，这个动作虽然简单，但也有细微的心理学家和行为学家对人的握杯方式进行了长时间的研究，发现不同的握杯手法可以表现出不同的内心活动，而且有性别上的差异。

★聪明的人

聪明的人喝酒时用力紧握杯子，拇指用力地顶住杯子的边缘。他们会巧妙地应付对方的敬酒，饮酒量能够保持一定的限度。他们要是不想喝醉，就一定不会喝多，任凭对方如何劝导、地位如何显赫，他们都会很好地把握自己。

★虚伪的人

虚伪的人喝酒时紧捂住杯口，好像是要掩盖自己的真情实感。这种人从不轻易在别人面前暴露自己，他们觉得引人注目往往会使生活不得平静，而且他们害怕他人看他们的目光会和他们所希望的不一致，那是一件非常丢面子的事。

★好动脑筋的人

好动脑筋的人喝酒时一只手紧握杯子，另一只手则漫不经心地划着杯沿。这时候的他们把饮酒当成一种简单的活动，酒的味道好坏与否根本无关紧要，有的人沉思时还常常用两只手抓住酒杯。

★忙忙碌碌的人

忙忙碌碌的人喝酒时喜欢玩弄各种杯子。他们虽然在饮酒，但心早就不知道飞到哪里去了，所以这份漫不经心转移到杯子上，杯子成了他们的玩具。他们办事往往不能集中精力，虽然工作占据了他们很多时间，但较大的成功通常和他们无缘。

★活泼好动的人

活泼好动的人总爱用手掌托着杯子，边喝边滔滔不绝地说话。这时候的他们会完全忘记自己是在饮酒，心思都集中在谈话的内容和给对方的感受上，之所以喝口酒，只是为了滋润一下说干了的喉咙。

★贪婪的人

贪婪的人握住高酒杯的脚，食指前伸，故意显出高雅和与众不同。他们青睐有钱、有势、有地位的人。这种人的内心世界完完全全全地写在了脸上，阴与晴预则报出他们遇到了什么样的人。

通过阅读习惯看人心

不同的人会有不同的阅读习惯。买回一本书或者一份报纸，有的人会迫不及待地阅读，也有的人会把它先放在一边，等闲暇时再安安静静地阅读，这其中的差别就是不同人的不同性格所致。因此，通过阅读的状态和习惯也可以对一个人进行观察。

①拿到一本书或是一份报纸后，不管时间、地点、场合，总是迫不及待地想看看其中到底讲了什么内容，即使是手头上正做着别的事情，也会暂时先放一放。

这种人多是外向型的，他们做事总是雷厉风行，虽然干劲十足，但缺乏必备的稳重和沉着。他们的性格开朗大方，真诚豪爽，生活态度也很积极乐观，有充沛的精力和热情，是一个不甘于寂寞的好动分子。他们虽然头脑灵活，具有一定的随机应变能力，但并不善于掩饰自己，常常是喜怒形于色，别人往往会一目了然。他们的适应能力和交际能力并不差，所以在社会上还算吃得开。他们的思想比较超前，对于新鲜事物的接收能力也很快，常常会有一些大胆的设想。但缺点是太爱出风头，有时还有些刚愎自用。

②拿到一本书或是一份报纸以后，先将它们放在一边，尽快把自己

手头上的工作做好，然后在没有任何打扰的情况下，再将之拿出来，静静地、仔细认真地阅读，看到比较好的内容，可能还会剪下来贴到剪报上去。

这一类型的人大多属于内向型的，他们沉默少语，不善于交际，所以人际关系并不是特别好。但他们很有自己的思想和主见，不说则矣，一说常常是一鸣惊人。他们很注重现实，不会有一些不切合实际的想法和做法，自我约束能力比较强，个性独立，办事认真，只要去做，就会力争把事情做好。他们对周围的人，一般时候不是很热情，也不希望从别人那里得到什么。他们很懂得自取其乐。

③拿到一本书或是一份报纸以后，只是先大概地浏览一下，然后就放在一边不看了，因为他们很难静下心来一一仔细地阅读。

这样的人性格大多外向，生活态度乐观又积极，但有一些随便。他们具有一定的幽默感，善于交际，兴趣广泛，耐不住寂寞，希望生活中永远都有许多人和欢声笑语。他们具有一定的组织能力，但自我约束力差，做事总是马马虎虎、得过且过，且时常招惹一些是非。

④拿到书或是报纸时，放在一旁不看，只等到自己无事可做，或是心情烦闷的时候才把它们拿出来，全当是一种解闷的消遣。

这一类型的人大多性格孤僻寂寞，而且还有些多愁善感。他们为人处世缺乏坚决果断的魄力和勇气，不善于交际，常常孤芳自赏、自命清高。他们多有丰富的想象力，但又有些不实际。他们能够体贴别人，具有一定的同情心。思想比较单纯，为人憨厚，一般时候不愿意伤害别人。

通过点菜方式透视人心

★从点菜方式看心胸的宽大或狭窄

①点菜时会大声地叫店员的人，是自我表现欲强，对周围的人大声喧嚷以表示自我存在的类型。同席的人虽然觉得丢脸，但当事者为了表现自己，不在乎会对他人造成干扰。如果叫了好几次，也能看出性急的一面。

对店员用命令口吻说话，老是摆出"我是客人"这种态度的人，会对地位与身份的上下关系很斤斤计较（在不自觉的状况下），别人对自己带有（自己认为的）诬蔑态度时，会出现说脏话等激烈反应。

②打手势招呼店员过来的人，这种人会考虑周围环境，深思熟虑地设想到别人的立场。不喜欢出风头，但另一方面拥有"为所应为"的执行力。在机会来临之前，会一直蛰伏等待，随时准备着。

③等店员拿菜单过来的人，耐性很强，是天生的乐天派，稳重自得。虽然从"怎么还没拿菜单来"的反应多少看得出急躁的一面，却不招摇，自我主张不强烈，因此也容易累积压力。

★从点菜方式看是否深思熟虑

找到空位之后就座，然后上了菜单，开始浏览店里的菜色。接下来，就来看看哪种人会用哪种方式点菜。

①马上速战速决点菜的人。下决定的速度很快，性子急，却也有想法太过天真、缺乏深思熟虑的一面。拥有领导者的特质，但过于独断，并且不相信别人，且有"凡事求快""不想落于人后"的竞争心。

②犹豫不决，无法下决定的人。这种人太过在乎别人的想法，缺乏决断力，会因为胃口太大，对各种不同事物转移焦点而迷失。

③"跟大家一样就好"的人，是没有主见的人。总是左思右想失去主

见，对自己缺乏自信。跟别人步调一致，行动积极主动，会掉进死胡同里。

④问别人"要点什么"的人。这种人做事很有礼貌，个性亲切；虽然计划周详，却不会有更深入的想法。与总是跟随他人点同样菜的人相同，是"同调性"很高的人。而一边问别人，一边却点了跟对方不同的菜色，印象中是那种不在乎别人的想法自行其道的人。

⑤最后还是跟别人点一样菜色的人。遵从多数意见，希望与别人一样的倾向很强。不会坚持己见，经常会因为配合别人而改变自己的意见，是难以信赖的人。对自己所属的团体归属意识强烈，不喜欢离开集团或让集团产生混乱。

⑥一次点了一大堆的人。"这个也要，那个也要"，是个心浮气躁的人。想法与需求非得直接表达才甘心，有点孩子气。不照顺序来，一次全包、浮躁的态度，可说是对于失败（点太多而吃不完）的可能性缺乏慎重考虑的人，也欠缺"随机应变"的能力。

透过开车观察对方

一个人控制汽车的方式，和控制自己的方式有许多相似之处。如果把车子视为一个人肢体的延伸，那么开车的方法，也就是肢体语言的机械化身。一个人在方向盘后的举动，体现了他每天的心情与态度。

★ 按规定速度开车

对这类人而言，开车不过是带他们去要去的地方，而不是一种快乐或刺激的体验。他们守法，尽自己应尽的义务，绝不少报所得税，通常以平稳、容易把握的速度开车。他们做任何事情都是中庸的态度，即使有很大的把握，也不会骤然冒险。他们为人可靠、不马虎，很适合在政府机关上班。

★**行车速度比规定速度慢**

坐在方向盘后面会令他们觉得害怕，觉得自己无法操纵一切。他们总是避免把东西放在自己手里，只要有人授权给他们，他们立刻把权限缩至最小。他们嫉妒别人不断超越自己，而胆小怕事的个性也令他们的家人、朋友失望。

★**超速行驶**

他们不会受制于任何人，积极向上，而且憎恨权势。他们不允许别人为自己设限，如果有人企图这么做，就会找出极端而且可能很危险的方法，来维护自己的独立自主。他们的父母和老师很有可能都十分严格，而这是他们发泄心中怒气的唯一方法。

★**大声按喇叭**

在现实生活中，他们喜欢尖叫、大喊、发脾气；在马路上，则使劲按喇叭。对挫折的应变能力很差，经常觉得受到他人的威胁。通常以一连串的高声谩骂，来表达心中的焦虑和不安，发怒的程度完全和刺激生气的原因不合。做事无效率、无能力，即使哪儿也没去，却总是显得匆匆忙忙。

★**不换挡**

希望所有事情都被安排得好好的。他们比较喜欢寻找属于自己的生活方式，即使有时候这么做遭遇的困难比较多，也很少向别人请教。没有人告诉他们该往何处去，甚至常常是他们告诉他人该怎么做。他们是一位实践家、行动主义者，凭直觉行事，而且喜欢把事情揽在自己身上。

★**绿灯一亮，抢先往前冲**

凡事比别人抢先一步是他们生存的方式。他们喜欢胜利的感觉，因为不愿被烙上失败者的印记。已经学会积极主动，明白有竞争力才能成功。

只要有一条线，他们总是第一个站在线上的人。他们不是向前看，而是向后看别人离自己还有多远。

★绿灯亮后，最后发动车

因为这样很安全、有保障，用不着和别人争吵。没有人会伤害他们，因为他们总是让别人挤破头去拿第一。早已学到，只要不锋芒太露，就不会遭人拒绝或被人伤害。而且把这个观念也用在其他地方，让别人先走，他们就不必和人竞争了。

★不学开车的人

不学开车使他们置身于依赖和无助的环境中，这增加了他们的自卑感，因为受制于别人。在生活的各个领域中，他们也是习惯退居积极者的背后，别人对他们的评价驾驭着他们的一举一动。

透过付款方式看人

在生活中，付款成为我们进行交易的一种形式，它伴随我们的左右。那么，采用什么样的付款方式，在某种程度上类似于处理生活中的其他事物，从中也可以了解到一个人的性格。

① 喜欢亲自付款的人。他们大多比较传统和保守，对新鲜事物的接受能力比较差，偏重于循规蹈矩，守着一些过时的东西，缺乏冒险精神。他们缺乏安全感，有自卑心理，但又极希望获得别人的肯定和认同。凡事他们只有亲自参与，才会觉得有所保障。

② 能拖多久就拖多久。这一类型的人大多有占便宜的心理，比较自私，缺乏公平的概念，总是想着自己少付出或是不付出就得到尽可能多的回报。

他们在一般情况下不会轻易去关心和帮助别人，对人虽然不算太冷淡，但也算不上热情。

③ 把付款的任务推给别人。这一类型的人常常无法坚持自己的原则和立场，而习惯于服从和听命于他人，被别人领导。他们的责任心并不强，常会找理由和借口为自己开脱，在挫折和困难面前，会胆怯、退缩。

④ 收到账单以后就立即付款的人。这类人多是很有魄力，凡事说到做到，拿得起放得下，当机立断，从来不拖拖拉拉。他们的个性独立，为人真诚坦率，无论哪一方面，从来不希望自己欠别人的，倒是可以别人欠自己的。

⑤ 采用电话付费服务的人。这类人对新鲜事物比较容易接受，并懂得利用它们为自己服务。但由于对某些东西的依赖性太强，常常会使他们丧失一些自我主动权，受控于人。除此之外，他们对人有很强的信任感。

生活习惯蕴藏的玄机

透过打火机的使用习惯看人

★一根火柴点两根烟

这是一个大男子主义者或女强人，总是点两根烟，然后毫不在乎地把其中一根交给另一个人，也不管对方是否抽烟。这种做法表现出此人拥有高超的社交技巧，而且能够沉静有效地运用这些技巧。替别人做些小事使他觉得对方需要他。当然，他只要看到别人为他做事，就会有点儿紧张和不自在。

★令人印象深刻的火柴

当他在帮别人点烟时，一定会让对方注意到火柴盒上时髦夜总会或餐厅的名字。当然，他是在创造一种重要的社会形象，因此他的打扮毫无瑕疵，穿的绝对是设计师设计的衣服。然而，事实的真相是，他可能付不起这些时髦的行头，而且去俱乐部也经常只能点一杯苏打水，却乘机拿一大把火柴盒。

★点大火

他戴高价位的珠宝、开大型豪华汽车，花钱方式好像没有明天。这就是为何他把信用额度用完、拿着首饰上当铺的原因。当然，他不在乎。他因慷慨大方而受人喜爱，通常也因此无往不利。只是他在帮人点烟时，时常会不小心烧到对方的鼻子。

★随用随丢式打火机

如果他使用燃料用完就可以丢弃的瓦斯打火机，那他的生命中充满了千奇百怪的变化。他的人际关系得以持久的少之又少，因为他讨厌需要时时留意照顾某人或某事。随用随丢式打火机容易操作，既方便又实用，就像他每到一处只做一场秀的个性。

★银制或金制打火机

他的个性和使用随用随丢式打火机的人恰恰相反，丢东西或抛弃某人，对他而言实在是件难事，甚至使用期限已过了很久，他还是舍不得丢掉。虽然他喜欢沉浸在古董和有价值的艺术品中，但他心中大部分的爱却保留给散置在身旁的小饰品。他坚持留在某一个地方，在那里扎下稳固的根，对朋友和同事都有着特别深厚的感情。

★玩打火机的开关

已经点完烟了，还继续把玩打火机的开关，这是一种内心急躁的表现。当然，这也是为何他总是在场第一个抽烟的人。他的内心充满焦虑，表现在外变成了情绪紧张，给人一种元气耗散的印象。此外，这样做可以让情绪得到适当的发泄。不过，轻轻地玩打火机的开关，总比让脸部不断抽搐好。

★打小火

一顿饭可以让他撑过一个星期，因为他可以靠最寒酸的剩饭、剩菜过日子。他这么做不但得不到亲戚们的认可，而且他那些没花掉的财产还可能由自己的亲戚们继承。

★电子打火机

拥有这么一个打火机表示这种人为人深思熟虑、做事有效率。他坚持花最少力气完成别人交代的工作。为了节省时间、提高效率，他会用电动牙刷、电动擦鞋机、电动开罐器等生活用品。

透过抽烟方式看人

★毫不在意过长的烟灰

在开会中或工作中，不少人会忘记弹掉烟灰，这时常常是正处在思考的状态。如果平常都是这样的抽法，多半是对自己失去信心、身体状况不佳、感到自卑的人。

★啃咬烟嘴

当出现问题后，很容易把一切责任都归罪在自己身上。虽然有一定办事能力，却操之过急，妨碍了个人的发展。

★抽口湿润

香烟的抽口容易湿润是情绪起伏不定、易热易冷的性格，往往会因异性问题发生冲突，给工作带来最大的干扰。

★嘴上叼着烟工作

这是对自己的工作带有自信或繁忙的象征，这种动作常见于记者或律师。如果自己的能力没有受到旁人的认可，他们会有强烈反抗或意志消沉的表现，工作的失败与成功也呈现出两极化。

★抽烟抽到接近吸口

处心积虑、猜疑心强，极少暴露自己内心的感受。处理金钱虽不至吝嗜却会遭人误解。不过，由于从思考到实践有一段颇长的距离，因而常错失良机。

★ 急速地吸烟

性急、易怒，对人的好恶明显。尝试各种各样的工作，比只做同一件工作更能获得成功，对两种以上的工作感兴趣。

★ 略仰起头以嘴角抽烟

对自己的工作具有信心，可能会成为某些领域的专家。不过，处事过于勉强又自视过高，通常与同事格格不入，即使发生纠纷或失败，也具有突破难关的冲劲儿，将来会有所发展。

★ 抽烟时伸直拇指顶住下巴

具有强烈的阳刚气，不服输。对于工作上的竞争，充满了热情，对困难的工作具有挑战心。前途有望，属于高级管理人才。

★ 抿着下唇抽烟

性格稳定具有适应性，不会引人注目。处事虽非轰轰烈烈却很少失败，能按部就班地努力前进而获得成功。进公司一两年内，很少有发挥自我才能的机会，三四年后才渐渐受到领导的赏识。不过，这种人欠缺工作主动性。

★ 从鼻孔或嘴角两端吐烟

对工作的热情起伏不定，而身体状况也不稳定。喜好能一决胜负的事物，但做任何事都无法顺遂己意，常因欲求不满而烦恼。

透过床的选择看人

人的一生有三分之一的时间都是在床上度过，在床上睡觉、做梦，或只是躲在被子下。由于一张床要能够实现上述目的，所以这张床必定是安全和舒适的，它能够反映出床主人的性格。

★单人床

睡单人床说明从小到大的教育方式对他的道德观影响深远，而且他对自己的社交关系限制得也十分严格。他是一个保守主义者，结婚之前，不会和别人分享自己的床。

★四分之三的床

比单人床大一点儿，但比双人床小一点儿。如果和某人同床共枕，他喜欢和对方很亲近、很温暖地躺在一起。他可能没有伴侣，不过这段时间不会太长。他还没准备好对某人做完全的承诺，但他做好了付出 75% 的准备。

★特大号床

他需要有自己的独立空间，而且这空间要很大很大。他需要玩耍的空间，需要逃避的空间。他不计代价避开被囚禁的感觉，为的是维持自己对自由和独立的渴望。特大号床表示，只要他想和他的同伴保持距离，在这张特大号床上随时都可以做到。

★圆床

他不晓得哪一头是床头，但他也不在乎，因为这样生活才更有意思。既定的规则无法圈限他，他喜欢把自己的床当作整个宇宙来想象。

★日式垫子

让自己睡在地板上，这种来自东方半斯巴达式的地板垫子，有股自律的味道。它们就像地板一样硬邦邦的，而这点正合人意，因为他从来没有打算让自己舒适自在的生活。

★折叠床

他可能没有意识到，但他对已经压抑多年的性欲，有着一种深切的罪恶感。他能够放纵自己，然后再否认自己曾有过的那番经历。每当他把床折成椅子形状时，他所关心的只剩下事业，他把自己的感情和床垫一块儿隐藏起来。这样的行为，可能会令那些刚和他共度良宵的异性恐惧不已。

★铜床

床就是他的城堡，四周都有精巧的金属架，四角有四根尖尖的柱子。他觉得自己十分容易受伤，甚至在睡觉时，也需要保护，才不会受到他人的攻击。企图卸下这种防御心的人，由于无法攻破周身这道坚实的堡垒而倍感挫折。

★自动调整床

只要轻轻按一下按钮，就可以抬高或放低头和脚，而且可以调整上千种位置。他是个完美主义者，无论花多少成本，费多少心力，都追求一种完美的境界。他为人严苛，难以取悦，刻意塑造环境迎合自己的需求和想法，而且会坚持到底。他不去顺应他人，只让别人适应他。

★早晨整理床铺

如果他通常在早晨下床前，就把自己的床铺整理好，那他是个爱整洁、擅于打扮自己的人。不过，如果他每天早上都一定要把床铺打理得漂漂亮亮、整整齐齐，那就是有洁癖。他会把浴室的每一条毛巾都叠得整整齐齐，家中每一个角落都打扫得一尘不染，而且沙发上还盖了一层塑料套子。别人到家里来，根本无法放松心情，因为他无时无刻不在找寻掉落的尘屑。

★早晨不整理床铺

不曾有过一位像严格的长官一样巡视你床铺的母亲，也不曾遇见一位像母亲一样检查床铺的严厉长官。他自以为对人生的态度是如此超然，但这一切反映在现实的生活里，不过表现出他是一个既懒惰又无纪律的人罢了。

透过洗澡方式看人

多数人每天都会沐浴，把累积了一天的尘垢洗净，以清新的身体面对新的一天。不过，不同的沐浴习惯表现出了不同的心理特征。

★泡泡浴

喜欢泡泡浴的人相当纵容自己，在尽可能的范围内，他们让自己享受快乐的人生。

这种人对自己的外表特别重视，经常做皮肤护理，还很小心打理自己的头发。在穿着打扮方面，他们并不刻意追上潮流，最注意款式是否舒适大方，衣料是否名贵。

这种人的脾气属于温和型，但他们厌恶别人的侵犯或占便宜。遇到如此环境，他们会不顾一切做出反击，因为保障本身利益对他们而言是很重要的。

★蒸汽浴

喜欢享受蒸汽浴的人，做事既彻底又有耐性。他们相信"天下无难事，只怕有心人"，认为只要肯去做，没有什么事是办不到的。

这种态度能够为他们的成功带来很大的好处，但在人际关系方面，有些人会觉得这种人太过专横，有些难以相处。

他们看不起软弱无能的人，觉得这类人不长进，但他们对权势相当崇拜。

★浴堂

有些人喜欢到公众浴室洗澡，赤裸着身体，与其他人一起泡在大浴池里。经常如此洗澡的人，是一个不甘孤独与寂寞的人。

这种人未必是现代孟尝君，但他们对朋友相当乐善好施，有时宁愿先照顾朋友的需要，而忘记家人的痛苦。

★按摩式淋浴

喜欢按摩式淋浴的人一般会投资一笔钱，在自己的浴室里特别安装一个可以调节水流大小缓急的浴缸。

他们相当追求物质上的享受，其内在哲学是：既然投胎做人，就应该尽情享受快乐的人生。

虽然他们花钱的方法不至于出手大方，但绝对不是个守财奴，他们认为钱是赚来用的，所以逛街购物是这种人的嗜好之一。

他们希望能够舒舒服服、快快乐乐地做人，绝少自寻烦恼，更不会涉入感情的纠纷。这种人唯一对自己稍有不满的地方，是缺乏对灵性的追求。

★冷水淋浴

喜欢冷水淋浴的人能够保持冷静，他们认为面对事情时，最重要的是保持头脑清醒，不希望被强烈的感觉左右了自己的判断力。在别人面前，他们经常以自己有理性、有逻辑为傲。

这种人很少公开批评别人，因为他们觉得这样做容易树敌，是不理智的，但私下他们对每件事、每个人都有独特的见解。

在事业方面，这种人追求专业知识及事业地位，渴望得到他人的尊重与赏识。

这种人吸引异性有些困难，因为在对方的眼中，他们属于比较冷漠的那类人。如果这种人考虑一下多向别人表达他们的感受，人家会觉得他们平易近人些。

★热水淋浴

这种人不分寒暑，经常把水温调得较高才淋浴。他们是"感受"型的人。

这种人待人接物特别讲究第一感觉，如果他们第一眼接触某人就对他有好感，那么就会与他一见如故，迅速发展友谊。反之，他们会采取避之大吉的态度。

在吃的方面，他们也很追求味觉上的刺激，吃什么菜都要蘸点辣椒酱，喝清淡的汤也可能要撒胡椒粉！

在衣着（包括领带）方面，他们喜欢选择鲜艳的颜色，款式上也尽可能追上潮流。

许多人都认为这种人是性情中人，喜欢跟他们打交道，不过也有同样多的人会被他们的热情吓跑。他们如果能把握自己的情绪最好，因为时时乱发脾气是相当令人讨厌的。

透过烹饪方式看人

一个人在准备食物的时候持什么样的态度，往往会流露出他对生活的某种感受。从准备的方法和过程中，可以表现出一个人许多内在的东西。

★采取剁、揉的方法的人

有的人在烹饪的时候大多采取剁、揉的方法，这样的人多属于实干型，他们很客观，总是能够以非常积极和诚信的态度来面对生活中的各种问题。他们的生活节奏相当快，生活态度也非常积极。对于已经决定的事情，他们会全身心地投入，尽量把事情做好。

★按照有关烹饪的书做菜的人

有的人喜欢按照有关烹饪的书做菜，这样的人显得有些呆板，凡事喜欢依据一定的规则。如果没有这一类指导性的东西，就会显得手足无措。他们习惯于被人领导，而不可能领导别人。他们总是过分地追求各种细节，精确严谨，从来不会轻易放弃任何一件他们认为重要的事情。他们对自己并没有多少自信心，随机应变能力比较差。他们害怕遇到突然发生的事件，因为那时他们会手足无措。

★凭着自己的感觉烹饪的人

有的人只是凭着自己的感觉进行烹饪，这样的人多比较善变，常凭着一时的冲动感情用事。他们不愿受人束缚，喜欢随心所欲，为所欲为。他们很少向别人做出承诺，因为他们非常了解自己，知道自己根本无法兑现。他们的心地很善良，并不想伤害别人，但到最后还是会有许多人受到伤害，他们会为此感到难过，但并不改变自己，或许根本改不了。

★给美食家打电话请教烹饪问题的人

有的人喜欢给美食家打电话，请教烹饪方面的问题。这样的人大多比较有宽容性，能够虚心认真地接纳别人给自己提出的意见和建议。但只是接纳并不是全盘接受，他们有着自己奇特的思维，会充分考虑别人的意见和建议，但在此基础上，最后决定的还是自己。

★喜欢烤肉的人

有的人喜欢烤肉，这样的人性格多是外向的。他们待人大方热情，乐于结交新朋友，而且富有同情心，做事常不拘小节，马马虎虎，得过且过，因此常常会制造一些不必要的麻烦。他们乐于向别人介绍自己，以增进相互之间的了解。

★喜欢边看电视烹饪节目边动手的人

有的人喜欢边看电视上的烹饪节目边动手，这样的人多自主意识强，不愿意让别人为自己做决定。他们喜欢把一切都变得简单和方便，而且很容易获得满足，在各方面都不挑剔，但对于一些事情还是有追求完美的心理倾向。在大多数时候，他们活得比较轻松自在，善于开导自己。

★爱在烹饪的时候使用一些小道具的人

有的人在烹饪的时候喜欢使用一些小道具，这样的人一般都有比较重的好奇心，一旦喜欢上什么，就会千方百计得到它。做事追求高效率，有较强烈的忧患意识，为了以防万一，会做许多准备。实际上，他们经常是杞人忧天。

★从不自己烹饪的人

有些人从来不自己烹饪，这样的人多缺乏冒险意识，他们为了安全会选择妥协退让。

透过个人嗜好看人

其实，每个人都有一些自己的嗜好，只不过有些时候，由于工作学习太忙了，忙得没有时间来做自己喜欢的事情，所以渐渐地把它忽略了。嗜好是自己喜欢、感兴趣的，做它是为了愉悦自己。有什么样的嗜好，这往往要依据一个人的性格而定，所以通过它来了解一个人实在是最好的选择。

★喜欢做高危活动的人

高危活动如滑翔、跳伞、登山等，想从事这些活动，一个首要的前提是必须得身体好。这样的人虽然在外表上看起来很强壮，但他们的心思却是非常缜密的。他们做事情总是非常小心，做一件事情之前往往会把可能出现的问题全部考虑清楚，之后才行动，他们对"三思而后行"这一句话有着深刻的理解。他们的性格比较固执和顽强，一件事情一旦决定要做，就不会轻易改变，无论遭遇到多大的困难，他们都能扛得住。他们很有胆识和魄力，敢于向一些未知的领域挑战。

★喜欢打猎的人

这类人性格多是比较粗犷和豪爽的，很讲义气，凡事不会和别人太计较。他们深知社会之现实，优胜劣汰，适者生存，所以会努力使自己成为一个强者，因为只有这样才能更好地生存下去。他们有一定的胆识和魄力，很多事情都是敢作敢当，可称得上是一个顶天立地的人。

★喜欢手工艺品和刺绣的人

这类人多数是热情而富有爱心的，他们具有强烈的责任感，能够对每一个人、每一件事情负责。他们的生活态度积极乐观，但并不会放纵自己。他们什么时候都知道什么是自己应该做的，什么是自己不应该做的。他们经常会为自己所取得的成就暗自陶醉，从中获得一种满足感和成就感。

★喜欢搜集钱币的人

其性格相对而言是比较保守和传统的，不太敢于冒风险，接收新鲜事物的能力比较差。他们多具有很强烈的责任心，尤其是对自己的子女更是倍加疼爱。这一类型的人做事有始有终，追求完美，从来不会半途而废。他们对结果的重视程度往往要大于过程。

★喜欢搜集一些乱七八糟东西的人

喜欢搜集啤酒瓶子、没用的盘子等东西的人，大多是进取心比较强烈，他们在大多数时候都表现得相当忙碌，好像总有做不完的事情。他们的怀旧情结比较浓厚，从这一点可以观察出他们是很重感情的人。他们不会过分地放纵自己，而且很懂得节约，欲望心不是特别强烈，在很多时候比较容易满足现状，有强烈的自信心，会为自己所取得的成就感到骄傲和自豪。

★喜欢表演的人

首先，他们的性格中情感是很细腻的，希望能够尝试不同的角色，体验不同的生活。除此之外，他们的想象力还十分丰富，这样他们才能把不同的角色揣摩到位，表演逼真。情感敏锐、细腻，这都是喜欢表演的人的性格特征，但是这一类型的人，有些富有幻想而不切合实际。

★喜欢美食烹饪的人

他们的动手能力都是比较强的，凡事都希望能够自己解决，而不依靠别人。他们的自尊心比较强，总是靠别人，会使他们的自尊心受到伤害。他们多怀有强烈的自信，坚信自己会成功。他们对于新事物的接受比较快，敢于探险，进行探索和尝试。

★喜欢园艺的人

这类人凡事都追求一个循序渐进的过程，然后让其自然而然，水到渠成。他们具有一定的责任感，能对某个人、某件事负责。他们心里时常会有一些欲望，为了使这种欲望变成现实，他们会很努力地工作，然后在付出得到回报以后，好好地享受自己的劳动成果。

★喜欢钓鱼的人

他们做事的时候对于过程的重视程度往往要多于结果。在做的过程中，他们能够体会到很多的快乐和自我价值的肯定，但是对于结果的成败，则显得有些无所谓。他们信奉的人生格言就是努力做了就问心无愧。他们在平日里显得比较散漫，看起来有些不在状态，可一旦有事情发生，他们往往能够以最快的速度调整自己，积极地投入其中，大多有很好的耐性。

★喜欢写作的人

他们的思考能力是很强的，为人比较小心谨慎，喜欢把自己的想法写出来，这样可以更方便把自己的思路理清，有自己独特的见解和想法。

★喜欢抽象画的人

喜他们的表现欲望是相对比较强的，希望能够有更多的人注意到自己。另外，他们的自我意识比较强，并不是十分在意别人对自己的看法，而是喜欢我行我素。他们的行为在很多时候是相当古怪的，做事喜欢为自己着想，很少考虑其他人的意见和感受。他们是相对独立的，而且任性固执，只愿意自己定规矩自己遵守，而不愿意遵守别人制定好的规章制度。

★喜欢飞机模型的人

他们与喜欢不受人束缚和限制、自由自在的人恰恰相反，往往更乐于听命于他人的领导和安排，这样他们就不会感到无所适从了。他们缺少必要的冒险精神，凡事把安全保险放在第一位。在遇到困难的时候，他们的情绪往往会显得相当焦躁。这时候，只有出现一个领导者，指导着他们去做什么、怎样做，他们才会逐渐平静下来。

透过手机的放置位置看人

★置于手中

手是全身上下活动最多的地方之一（另一个是腿，但现在还没有谁将手机放在腿上）。习惯将手机一直拿在手里的人，一般都精力充沛，也就是所谓的工作狂，不到非休息不可的最后一刻，他是绝不会上床休息的。你甚至可以在浴缸里或客厅的沙发上找到他疲惫的身影。

★置于上身

用完电话总会习惯性地将手机插在上衣上方的口袋里，说明这样的人做事有条不紊，并且会尽一切努力让生活朝着他的目标前进。因为他工于心计，就算现在还年轻，尚未走到最高层的职位，数年之后也是很有希望的。

★置于腰间

习惯将手机夹在腰前方的人，都有一套自己奇特的想法和做法，生活的态度是真诚而坦率的；习惯将手机夹在腰后方的他，对生活也很有创意，可能凡事喜欢留一手，不将事情完全说清楚，这是他的习惯，也是他的乐趣。

★置于裤袋

总是将手机置于牛仔裤或西装裤后口袋的人，表达方式友善、温和，却带着浓浓的戒备心，他总有一些不希望他人知道的隐藏在内心深处的小秘密。他对愈疏远的朋友愈显得亲密友好，而对愈接近的身边的朋友，却会表现得非常冷漠，甚至刻意疏远。他的情绪起伏很大，多是心里不为人知的那些小秘密所致。

★置于包中

将手机放到背包或公事包里，这就是白领们公认的最安全的地带。习惯这么做的人做任何事都会深思熟虑、小心翼翼。他对自我的要求很高，自尊心特别强，平时注意风度，姿态优雅，对人亲切却很少采取主动。他常常有着无限的潜力与能量，只要遇到机遇，就有可能平步青云。

透过出生排行看人

不同的家庭，子女个数往往是不同的。有的家庭孩子多一些，有的家庭只有一个孩子，甚至有的家庭没有孩子。家里有几个孩子，以及自己在几个孩子中处于什么位置，即常说的出生排序，在一定程度上也与一个人的性格相关。

★在家排行老大的人

他们比较有责任心和事业心，对父母长辈及弟妹们会倾注很多的时间和精力，关心和照顾他们。他们很能体谅长辈的难处，所以会相当懂事，尽最大努力帮助家人分担困难。他们能够保持家业和家庭的名声，易于感受到生活中的忧虑和苦恼。他们不会轻易去冒风险，但并不是说他们缺少这种精神和魄力，而是他们必须先考虑做完以后所带来的不良后果，并要为此负责任。

★排行老二的人

在中间位置，性格大多是自由且散漫的。他们比较开朗，生活态度也是积极和乐观的。他们待人比较亲切随和，所以能和很多人融洽相处。他们的随机应变能力很强，往往能够非常轻松自如地应付各种人和事儿。他们多有很高的人生追求和目标，并会为此非常努力。但他们又比较坚强和固执，希望按自己的意愿行事，否则就会有很强的反抗情绪。

★排行老三的人

因为是家中最小的孩子，所以难免要娇宠一些，正因为这样才会养成一些不好的毛病，如任性、娇气、意志力薄弱、不能体谅别人等，同时还会附带着胆小、害羞、敏感、脆弱、不轻易相信别人、不善于交际等。他们常常用幻想的方式来逃避现实生活中的种种不愉快，与此同时，他们又表现得有些自命清高，为自己树立很远大的理想和目标。

★作为独生子女的人

他们并不具备家中最大的孩子的一些品质，但第二个、第三个孩子的一些性格特征在他们身上都有适当的体现。有时候，他们甚至比孩子多的家庭中的孩子表现得更强烈一些，其中包括好的方面，也包括不好的方面。

其他习惯暴露的信息

通过敲门声了解他人

通常到客人家做客时，大家会伸手敲门，这是生活中习以为常的现象。然而，你是否注意到，从"砰砰砰"的敲门声里，大致可以判断出来访者的秉性及当时的心情。

沉稳的人，敲门声多是稳健响亮，犹如泰山压顶；急躁的人，敲门声则是短促凌乱，响若雷鸣；怯懦的人，敲门声则是轻软无力，细若蚊声；文静的人，敲门声虽轻柔沉静，却富有节奏；忧郁的人，敲门声多是沉重迟缓，犹如干裂的柴火，枯竭的河床；虚伪的人，敲门声迟疑造作，有气无力；欣喜的人，敲门声热烈激昂，余音不绝；苦闷的人，敲门声干涩无劲，沉闷如一潭死水；好胜的人，敲门声清响急脆，宛如卵石相击；高雅的人，敲门声干脆利落，就像泉水叮咚响。

通过刷牙探查他人的内心世界

刷牙可以杀灭口腔细菌，保持口腔卫生，增进健康；刷牙可以剔除牙齿间的食物残渣，增加牙齿的健康和美容；刷牙还可以将人的性格展现出来，为细心的人提供更多的信息。

★用很少牙膏刷牙的人

这种人不用看就可以知道他们非常节约。他们容易满足现状，知道忍让，但有时保守，墨守成规；在关键的时候无法做出决断，显得很死板，没有前进的动力；生活中遇事沉着冷静，从不冲动，所以很少会出现过激行为。

★用很多牙膏刷牙的人

浪费是他们最大的缺点，在生活中的其他地方也别指望着他们能省下什么。但他们很有魄力，有能力和勇气去面对生活和工作中的困难，所以能够有较为突出的成就。不过，他们随进随出，纵使家财万贯也难以持久。

★从尾部向上挤压牙膏的人

也属于节约类型。他们具有丰富的思想，感情细腻，女人特别温柔随和，而且富有浪漫的情调。但他们情绪很不稳定，随时都有发脾气的可能，但难能可贵的是他们能体谅别人，能够容忍他人的过失，特别是对小孩子，会给予特别的关爱。

★牙膏盖不知去向的人

也许是大大咧咧所造成的，但另外一种情况是他们另有所思。他们通常具有很强的进取心，不愿意浪费刷牙的时间，所以在思考其他事情的同时也忘记了牙膏盖的位置，更有甚者还会忘记毛巾和脸盆等东西放在哪里。他们有一定的胆量，知难而进，面对重大决策和问题时勇往直前，从不做逃兵。

★ **只在清晨刷牙的人**

有表现欲望，希望别人能够注意他们，对他们有良好的印象；能够迁让别人，按照他人的意愿办事；注重礼仪，讲究外表，不会给人拖沓和不利落的感觉；善于调整和控制情绪，积极乐观，总是活力四射。

★ **只在晚上刷牙的人**

晚上刷牙的最大好处是防止蛀牙，所以他们是非常重视健康的人。他们头脑灵活，办事认真，愿意付出，经常是事半功倍；心态平和，既不追求太好，也不过度嫌弃低微；讲究分寸和尺度，该说的说，不该说的不说，而且说什么就是什么，对自己的话认真负责。

★ **一天刷好几次牙的人**

追求完美主义的人，同时也是个不自信的人。他们每天都希望引起他人的注意，而且希望不被对方瞧出毛病来。他们经常会浪费自己和他人的时间，让身边的人和自己一起为某件事绞尽脑汁，有神经质倾向。

通过购物方式观察他人

对于生活在当今世界的人来说，购物是避免不了的。生活中有很多必需品都是从外界获得的，而最直接、简单、普遍的方式就是去商场购买。付出一定量的钱就可以得到自己想要的商品，这是一种交易。虽然都是在做同样的交易，但不同的人有着不同的方式。

① 有的人很少自己去购物，他们大多委托别人代劳。这样的人大多把日程表排得很满，他们的工作和学习比较繁忙，在他们看来，购物这算

不上一件什么大事，不值得自己抽出宝贵的时间亲力亲为。他们在为人处世等各个方面多是比较传统的，尽量使大家对自己满意。

② 有的人会选择在商场打折时选购物品，这样的人大多比较实际和现实，他们懂得精打细算，有时候会给你唯利是图的感觉。他们固执，遇事虽然会与他人协商，最后却会顽强地坚持自己的观点。他们会很满足于自己占优势，他人在无可奈何的情况下不得不放弃的感受。

③ 有的人购物时会非常仔细地看目录，这样的人大多不具备创新精神。他们喜欢按照一定的规律和计划做事，否则就会不知所措。他们比较"讨厌"独立自主，这一类人比较健忘，所以需要不断地有人提醒他们，在什么时候去做什么事情，他们的随机应变能力并不强，偶发的事件严重得会让他们无法接受。

④ 有的人会同家里人一起出去购物，这样的人大多数有比较传统和保守的价值观，家庭在他们心中的地位是无可替代的。他们对家庭有着强烈的责任感和深深的依恋，家庭是他们生活的重心，他们为人处世的原则、习惯大部分决定于家庭对他们的影响，而他们的家庭往往充满祥和的气氛。在他人看来，他们整天围着家庭转，生活似乎太无聊了，但他们自己却很满足于目前的生活。他们感觉较有安全感，生活态度也是非常实在的，选购的物品通常既经济又实惠。

⑤ 有的人会花一整天的时间购物，这样的人多比较开朗和快乐，他们每天都会处于一个心情愉快的状态。他们较有耐性，总是能够找到很多理由和借口安慰自己，但他们是那种能笑到最后的人。他们野心勃勃，常常会为自己设计许多远大的理想和目标，并且会为自己的理想和目标努力奋斗。可是，他们的那些理想和目标，从某种程度上来说并不现实，所以到最后多半都无法成真。但在这个过程中，他们做的一些事情还是有收获的。

⑥还有的人比较奇怪。在需要的时候手上没有，等不需要的时候才去购买。这样的人好像在任何事情上都比别人慢半拍，但他们从不因此而烦恼。他们的表现欲望十分强烈，希望自己能够引起别人的注意，所以时常会故意耍一些小手段。

通过笔迹洞悉他人的心理特征

笔迹作为人们传达思想感情，进行思维沟通的一种手段和方式，也是人体信息的一种载体，是大脑中潜意识的自然流露。不同心境写出的字，笔迹也不一致。但在一段时间内，字体的主要特征，如运笔方式、习惯动作、字体开阔等是不变的。只是近期的字更能反映最近的思想、感情、情绪变化、心理特点等。

笔迹分析的方法很多，由笔迹观察人的内心世界，可以从三个方面来观察，即笔压、字体大小、字形三个重要的方面来研究分析这个问题。

①笔迹特征为字体较大，笔压无力，字形弯曲，不受格线限制，具有个性风格，容易变成草书；有向右上扬的倾向，有时也会向右下降，字体稍潦草。

这类人和蔼可亲，与人容易相处，善于社交活动，为体贴、亲切类型的人，气质方面具有强烈的躁郁质倾向。另外，他们待人热情，兴趣广泛，思维开阔，做事有大刀阔斧之风，但多有不拘小节、缺乏耐心、不够精益求精等不足。

②笔迹特征为字形方正，一笔一画型，笔压有力，笔画分明，字字独立，字的大小与间隔不整齐，具有自己风格，但笔迹并不潦草。字的大小虽有

不同，但一般言之，显得较小。

这类人不善于交际，属理智型。处事认真，但稍欠热情。对于有关自己的事很敏感，对别人却不甚关心，反应较迟钝。气质方面具有分裂质倾向。

一般情况下，他们都有较强的逻辑思维能力，性格笃实，思考问题周全，办事认真谨慎，责任心强，但容易循规蹈矩。结构松散，书写者形象思维能力较强，思维有广度。为人热情大方，心直口快，心胸宽阔，不斤斤计较，并能宽容别人的过失，往往不拘小节。

③ 笔迹特征为字形方正，一笔一画型，但与上述类型不同，为有规则的平凡型，无自己的风格，字迹独立工整，字形一贯，笔压很有力。

这类人凡事拘泥慎重，做事有板有眼、中规中矩，但行动有些缓慢。意志坚强，热衷事务。说话唠唠叨叨，不懂幽默，不识风趣，有时会激动地采取强烈行动。气质方面具有癫痫质倾向。

他们精力比较丰富，为人有主见，个性刚强，做事果断，有毅力，有开拓和创新能力，但主观性强，固执。笔压轻，书写者缺乏自信、意志薄弱，有依赖性，遇到困难容易退缩；笔压轻重不一，书写者想象思维能力较强，但情绪不稳定，做事犹豫不决。

④ 笔迹特征为字形方正，稍小、有独特风格，尤以萎缩或扁平字形为多。字迹大多各自独立，无草书，笔压强劲：字的角度不固定，但字体并不潦草。

这类人气量较小，凡事都缺乏自信、不果断，极度介意别人的言语与态度。简而言之，属于神经质性格的人。

他们还有把握和控制事务全局的能力，能统筹安排。为人和善、谦虚，能注意倾听他人意见，体察他人长处。右边空白大，书写者凭直觉办事，不喜欢推理，性格比较固执，做事易走极端。

⑤ 笔迹特征为每次书写字体大小与空间大小无关，字形稍圆弯曲，有时呈直线形，有时字形具有自己的风格，有时则工整而有规则；大小、形状、角度、笔压均不固定，潦草为其显著特征。

这类人虚荣心强，极重视外表，经常希望以自己的话题为中心，因此话很多。不能站在对方立场思考问题，缺乏同情心与合作精神。由于以自我为中心，因此容易受煽动，也容易受影响。

另外，这类人看问题非常现实，有消极心理，遇到问题看阴暗面、消极面为多，容易悲观失望。字行忽高忽低，情绪不稳定，常常随着生活中的高兴事或烦恼事而兴奋或悲伤，心理调控能力较差。

通过下意识动作看人

每个人的举手投足都反映了其心态和性格，所以大家可以通过一个人的一举一动看透其内心。

★时常摇头晃脑

平常生活中人们经常看到"摇头"或"点头"，以示自己对某件事情意见的肯定或否定。但如果你看到一个人经常摇头晃脑的，那么你或许会猜测他不是得了"摇头病"，就是神经不正常。

我们撇开这种看法从另一个角度来看的话，这种人特别自信，以至于经常唯我独尊。他们也会请你帮他办事儿，但很多时候你办得再好他都不怎么满意，因为他有自己的标准，他只是想从你做事的过程中获取某种启示而已。

他们在社交场合很善于表现自己，却时常遭到别人的厌恶，对事业一往无前的精神倒是被很多人欣赏。

★拍打头部

拍打头部这个动作多数时候的意思是在向你表示懊悔和自我谴责，他肯定没把你上次交代的事情放在心上。如果你正在问他"我的事情你办了没有"，见他有这个动作的话，你不用再问也不用他再回答了。

如果你的朋友中有人做这样的动作，而他拍打的部位又是脑后部，那么他这种人不太注重感情，而且对人苛刻。他选择你作为他的朋友，很大程度上是因为你某个方面可以被他利用。当然，他也有很多方面值得你去交往和了解，譬如对事业的执着及开拓精神，尤其是他对新生事物的学习精神，你不得不从心底佩服他。

时常拍打前额的人，一般都是心直口快的人，他们为人坦率、真诚、富有同情心。在"耍心眼"方面你教都教不会，因此如果你想从某人那儿知道什么秘密的话，这种人是最好人选。不过，这并不表示他是一个不值得信赖的朋友，相反他很愿意为他人帮忙，替他人着想。这种人如果在某个方面得罪了你的话，请记住他们不是有意的。

★边说边笑

与这种人交谈会使你觉得非常轻松和快乐，他们不管自己或他人的讲话是否值得笑，有时候连话都没讲完他就笑起来了。他们并非是不在意与别人的交谈，只能说这种人"笑神经"特别发达。

他们大都性格开朗，对生活要求不太苛刻，很注意"知足常乐"，而且特别富有人情味，无论走在什么地方，他们总会有极好的人缘。这对他们开拓自己的事业本来是极好的条件，可惜这类人大多喜爱平静的生活，缺乏一种乐观向上的精神，否则这个世界很多东西都该是属于他们的。

★边说话边打手势

这种人与人谈话时，只要他们一动嘴，一定会有一个手部动作，摊双手、摆动手、相互拍打掌心等，好像是对他们说话内容的强调。他们做事果断、自信心强，习惯于把自己在任何场合都塑造成一个领导型人物，具有一种男子汉的气派，性格大都属于外向型。

这类人去演讲一定会极尽煽动人心之能事，他们良好的口才时常让你信以为真。他们与异性在一起时表现尤为兴奋，总是急于向人显示他"护花使者"的身份。

这类人对朋友相当坦诚，但他们不轻易把别人当作自己的知己，踏实肯干的性格使他们的事业大都小有成就。

★走角落

这种人十有八九属于自卑型。他们参加各种会议或聚会，总是找个最偏僻的角落坐下，但要排除那种昨天通宵达旦，今天想找一个不易被人发现的角落打瞌睡的人。

喜欢走角落的人性格大都有比较怪异的一面。如果说他无能，他绝对会做一件事给你看看；如果说他行，他却非常谦虚；大家都说某件事情不能做，他偏要去试试。这类人最不习惯的是，让他拜访年轻女性的家，他要站在门前给自己打气很久才敢敲门。

调动这种人工作积极性的唯一办法就是给他们表扬，让他们感觉到自己有很多长处和优点。

通常，这类人口头表达能力不强，尽管很多人非常聪明，但书面表达能力相当不错，尤其是写情书。可惜的是，他们的情书虽然写得很多，但大部分都压在枕头下面了，否则就有好多女孩子"倒霉"了。

★抹嘴、捏鼻子

这种动作略嫌不雅观，但还没到有伤大雅的地步。

习惯于抹嘴或捏鼻子的人，大都喜欢捉弄别人，却又不是"敢作敢当"的人。他们的唯一爱好是"哗众取宠"，眼见你气得咬牙切齿，自己却在那儿高兴得手舞足蹈。从这方面来讲，他们似乎有点儿过分。

这种人最终是被人支配的人。别人要他做什么，他就可能做什么。如果他们进百货店或者商场，售货员最喜欢的就是这种人。也许他根本什么都不准备买，但只要有人说"先生，这件衣服很适合你"，他就会买下。

通过烦躁不安的表现看人

每个人都会有心情不好的时候，从而表现出烦躁不安。这种感情除了通过面部表情及口头语言表现出来以外，身体的某个部位还会有一些无意识的动作。通过这些小动作，有时也能了解一个人的心思。

①喜欢用嘴咬眼镜腿、铅笔或是其他一些物品的人，总是我行我素，不愿受人限制。他们之所以做出这种动作，是想掩饰自己恶劣的情绪，不想让他人知道。但这种掩饰如果起不到任何作用，情绪就会进一步恶化，可能会使他们在突然之间发很大的脾气，而且没有人能够制止得了。

②喜欢用指尖拢头发、轻搔面部，或是把食指放在嘴唇上的人，比较开朗和乐观，在挫折和困难面前虽然有时也会感到沮丧，但是能够很快地调整好自己的心态，客观地面对一切，积极地去寻找解决问题的办法。

③用手抚摸或抓下巴，这种人多比较圆滑、世故和老练，处理问题能够比别人更客观、更理智。

抚摸下巴是一种自我镇定的方法，试图避免或克制自己感情冲动、意气用事，同时也是在思考下一步的对策。

④烦躁不安时，两手互相摩擦的人，多自信心很强，善于自我挑战，敢于承担一定的风险。而且一件事情既然决定要做，就不会轻易地改变主意和行动方向，但有时也会显得很顽固。

⑤烦躁不安时，咬牙切齿的人，情绪变化无常，极不稳定。而且心胸不是太宽阔，好意气用事，理智常常无法掌控情感。

⑥烦躁不安时，喜欢心不在焉地乱写乱画的人，多有很强的创造力，而且为人处世较慷慨，不会太斤斤计较，与人交往起来会非常容易。

通过电视机前的动作看人

随着人们生活水平的提高，电视走进了千家万户，成为人们了解外界、获得信息的窗口，也是人们消遣和娱乐的重要工具。人们与电视的联系越来越紧密，很多人在电视前形成了自己独特的行为方式。小习惯里往往藏着大玄机，我们不妨对比一下专家的观察和研究结果，看看自己究竟有什么样的性格，以及对自己的真实性到底了解多少。

★一有不喜爱的节目就换频道的人

既不会浪费时间、也不会浪费金钱。他们独立性强，从小就有摆脱父母约束的愿望；个性坚定，有自己的主张，确定了目标后会坚持不懈，努力攀登，即使遇到了很大的挫折和打击也不会轻易放弃。

★目不斜视的人

联想丰富，影视剧为他们提供了实现的机会，特别是情节曲折、惊险刺激的节目会使他们的想象纵横驰骋。他们能够集中全部注意力、全神贯注地从事某一件事情；心地善良，较能同情别人。

★把电视节目当作催眠曲的人

性情温和，对人生抱有十分乐观的态度。他们心胸开阔，敢于迎接挑战，有坚忍顽强的精神，任何困难在他们看来都可以轻松解决，而他们通常都具备解决实际问题的能力。

★找不到满意节目的人

容易冲动，喜欢感情用事，好奇心强，具有强烈的求知欲望，喜欢探幽索隐；外向，不拘小节，心胸开阔，善于交际，为人处世讲究分寸，适合从事公关工作。

★兼做其他事情的人

例如，边看电视边写作业、洗衣服或制作小玩意。他们能力有余，能够适应各种不同的环境；精神饱满，积极向上，愿意进行众多尝试，喜欢开拓新的领域，而且知难而进，能够获取成功。